普通高等院校环境类精品系列教材

环境类实验室安全教程

主　编　陈　燕　黄　诚　杨改秀
副主编　晏　锦　黄建林

华南理工大学出版社
SOUTH CHINA UNIVERSITY OF TECHNOLOGY PRESS
·广州·

图书在版编目（CIP）数据

环境类实验室安全教程 / 陈燕，黄诚，杨改秀主编. -- 广州：华南理工大学出版社，2025.7. -- ISBN 978-7-5623-7845-7

Ⅰ.X

中国国家版本馆CIP数据核字第2024YC5104号

Huanjin Lei Shiyanshi Anquan Jiaocheng
环境类实验室安全教程
陈　燕　黄　诚　杨改秀　主编

出 版 人：	房俊东
出版发行：	华南理工大学出版社
	（广州五山华南理工大学17号楼，邮编510640）
	http://hg.cb.scut.edu.cn　E-mail: scutc13@scut.edu.cn
	营销部电话：020-87113487　87111048（传真）
责任编辑：	张　楚
责任校对：	梁樱雯
印 刷 者：	广州市人杰彩印厂
开　　本：	787 mm×1092 mm　1/16　印张：11　字数：251千
版　　次：	2025年7月第1版　印次：2025年7月第1次印刷
定　　价：	52.00元

版权所有　盗版必究　印装差错　负责调换

前言 Foreword

随着全球气候变化、资源紧张、环境污染等问题日益严重，人类社会面临着前所未有的环境挑战。环境学科作为研究人类与自然环境相互关系的科学，对于我们理解和解决这些问题具有至关重要的作用。环境类实验室作为科学研究的重要场所，承载着探索自然奥秘、保护生态环境、推动人类社会可持续发展的崇高使命。然而，随着环境类实验室工作的深入和复杂化，实验室安全问题日益凸显，风险防控和应急管理显得尤为重要。以编者所在的环境与能源学院为例，该学院按学科方向设置了水工程技术、工业废水处理、大气环境与污染控制、土壤污染控制与修复、固体废物处理与资源化、污染控制材料与技术、环境资源与生态、新能源、环境与能源融合9个教研所，共有136间科研教学实验室，在2021—2023年这3年时间里，平均每年采购气体2988瓶，其中易燃有毒气体441瓶，位居全校第一，易制爆化学品324.33吨，位居全校第二；产生实验危废28.3吨，位居全校第四，其中桶装废液16.67吨、实验垃圾4.18吨、空瓶（含碎玻璃）4.45吨。同时，实验室还使用安全风险较高的高低温、高压、高速、辐射设备。由此可见，环境类实验室安全形势严峻。如何做好实验室的安全管理工作？本教材将如一把开启安全之门的钥匙，帮助读者解开那些保障安全的关键密码。

本教材以全面且深入的视角，系统地阐述了环境类实验室中可能遇到的各种安全问题及应对策略。从基本的安全意识培养，到复杂的仪器设备操作规范；从常见危险化学品的管理，到突发事故的应急处置，无一不涵盖其中。

同时，本教材还强调了安全文化的重要性。我们深知，任何技术手段都无法完全替代人的主观能动性和安全意识。因此，我们希望通过传播安全文化，引导每一位实验工作者将安全视为科研工作的前提和基础，从而在思想上筑牢安全防线。

本教材不仅能帮助初学者打下坚实的安全知识基础，让他们能够迅速适应实验室环境并避免潜在的危险，也能为经验丰富的科研工作者提供反思和完善安全管理的参考。

希望读者能够通过阅读本教材深刻认识到环境类实验室安全不是某一个人的责

任，而是全体人员共同的使命。对每一个细节的关注，对每一项规定的遵守，都关乎实验人员的生命健康与科学研究的顺利进行。

愿本教材能够成为读者在环境类实验室中探索与前行的可靠指南，让读者在追求科学真理的道路上，始终与安全相伴。相信它将为环境类实验室的安全保障作出重要贡献，帮助科研人员开启更加安全、高效的科研新征程。

在编写过程中，我们参阅了大量实验室安全方面的书籍和资料，并借鉴了很多有益的内容，在此表示感谢。最后，要感谢每一位实验室安全从业者，是你们的默默努力和付出，使得实验室安全防线更加牢固。

由于编者水平有限，时间紧促，书中难免有错漏之处，恳请同行专家、广大读者朋友批评指正。

编　者

2024年7月

目录 Contents

第1章　环境类实验室安全概述 ... 001
1.1　实验室安全管理体系 ... 001
1.1.1　实验室安全工作小组 ... 001
1.1.2　实验室安全法规与管理制度 ... 003
1.2　实验室安全教育与准入 ... 005
1.2.1　校级实验室安全教育 ... 005
1.2.2　学院级实验室安全教育 ... 006
1.2.3　实验室级安全教育 ... 007
1.2.4　实验室安全教育形式 ... 008
1.2.5　实验室安全准入 ... 010
1.3　实验室安全文化 ... 011
1.3.1　实验室安全文化的概念 ... 011
1.3.2　形成实验室安全文化的意义 ... 012
1.3.3　如何培育良好的实验室安全文化 ... 013

第2章　环境类实验室安全管理 ... 016
2.1　实验场所安全管理 ... 016
2.1.1　场所环境优化与安全规范 ... 016
2.1.2　实验室卫生维护与日常运维 ... 017
2.1.3　场所安全要求 ... 017
2.2　基础设施安全管理 ... 018
2.2.1　电力与水资源设施安全管理 ... 018
2.2.2　消防安全设施管理 ... 018
2.2.3　应急喷淋与洗眼装置的规范化配置与维护 ... 019
2.2.4　通风系统的规范配置与高效运维 ... 019
2.2.5　门禁监控管理 ... 020

        2.2.6 防爆设施的安全管理 ···020
        2.2.7 气体检测与警报 ···020
    2.3 辐射与核材料安全管理 ···021
        2.3.1 资质与人员管理 ···021
        2.3.2 场所设施与物流管理 ···021
        2.3.3 实验安全 ··022
    2.4 机电设备安全管理 ···022
        2.4.1 仪器设备日常管理 ···022
        2.4.2 机械作业安全 ···022
        2.4.3 电气安全管理 ···022
        2.4.4 激光安全管理 ···023
        2.4.5 粉尘防爆管理 ···023
    2.5 特种设备与常规冷热设备安全管理 ···023
        2.5.1 压力容器的安全管理与人员资质 ···023
        2.5.2 加热与制冷设备的安全管理 ···026

第3章 个体防护用品选择与佩戴 ···027
    3.1 个体防护用品的分类 ···027
    3.2 眼面部防护用品 ···028
    3.3 听力防护用品 ···029
        3.3.1 耳塞 ··030
        3.3.2 耳罩 ··031
    3.4 呼吸防护用品 ···031
        3.4.1 过滤式呼吸防护用品 ···031
        3.4.2 隔绝式呼吸器 ···033
    3.5 躯干防护用品 ···034
    3.6 手部防护用品 ···034
        3.6.1 乳胶手套 ··035
        3.6.2 聚氯乙烯手套 ···035
        3.6.3 丁腈橡胶手套 ···035
        3.6.4 氯丁橡胶手套 ···036
        3.6.5 丁基橡胶手套 ···036
        3.6.6 复合膜手套 ··036
    3.7 足部防护用品 ···037

第4章　环境类实验室消防安全 ········· 038
4.1　燃烧和爆炸的基础知识 ········· 038
4.1.1　燃烧的基础知识 ········· 038
4.1.2　爆炸的基础知识 ········· 039
4.2　火灾的特点和分类 ········· 040
4.2.1　火灾的定义 ········· 040
4.2.2　火灾的特点 ········· 040
4.2.3　火灾的分类 ········· 040
4.3　火灾的预防和处理 ········· 041
4.3.1　灭火原理和方法 ········· 041
4.3.2　防火防爆措施 ········· 041
4.3.3　实验室中常见的灭火消防器材 ········· 046
4.4　火灾逃生与自救 ········· 047

第5章　环境类实验室危险化学品安全 ········· 049
5.1　危险化学品的概念 ········· 049
5.1.1　化学品 ········· 049
5.1.2　危险化学品 ········· 049
5.2　危险化学品的分类标准 ········· 049
5.3　危险化学品的安全标志与安全标签 ········· 055
5.3.1　安全标志 ········· 055
5.3.2　危险化学品安全标签 ········· 056
5.4　危险化学品的安全技术说明书 ········· 057
5.4.1　危险化学品安全技术说明书的编写要求 ········· 060
5.4.2　危险化学品安全技术说明书的使用要求 ········· 060
5.5　危险化学品的储存 ········· 060
5.5.1　危险化学品储存区的建设与管理 ········· 060
5.5.2　危险化学品的储存 ········· 060
5.5.3　危险化学品的限量存放 ········· 062
5.5.4　管制类危险化学品的存储 ········· 062
5.6　危险化学品的购置 ········· 062

第6章　环境类实验室用电安全 ········· 063
6.1　电气安全 ········· 063
6.1.1　电气安全概述 ········· 063

	6.1.2 电气类实验安全操作规程	064
6.2	实验室电气事故分析	065
	6.2.1 常见问题	067
	6.2.2 原因分析	068
	6.2.3 解决途径	068

第7章 环境类实验室仪器设备安全 … 071

7.1	玻璃仪器安全操作规程	071
7.2	高压设备安全操作规程	073
	7.2.1 反应釜	073
	7.2.2 灭菌器	075
	7.2.3 气瓶	083
7.3	高温设备安全操作规程	089
	7.3.1 高温管式炉	089
	7.3.2 马弗炉	090
	7.3.3 烘箱	092
	7.3.4 电热恒温水浴锅	092
	7.3.5 电热恒温油浴锅	093
7.4	低温设备安全操作规程	094
	7.4.1 冰箱	094
	7.4.2 液氮罐	094
7.5	高速设备安全操作规程	095
7.6	放射性设备安全操作规程	097
	7.6.1 工程控制	098
	7.6.2 管理程序	099
	7.6.3 个人防护	099
	7.6.4 应急响应	099
7.7	通风柜安全操作规程	100

第8章 实验废弃物收集与处置 … 101

8.1	实验废弃物的鉴别与收集	101
	8.1.1 实验废弃物的鉴别	101
	8.1.2 实验废弃物的收集与储存	102
8.2	化学废弃物的收集与处理	106
	8.2.1 化学废弃物的范畴	106
	8.2.2 化学废弃物的安全收集与存储	107

  8.2.3 化学废弃物的回收 ··· 109
 8.3 放射性废弃物的处置 ··· 111
 8.4 生物废弃物的处置 ··· 112

第9章 典型环境类实验风险评估及应急防范措施 ·· 113

 9.1 土壤中重金属的测定实验风险评估及应急防范措施 ··· 113
 9.2 固体废物中总氮的测定实验类风险评估及应急防范措施 ······································ 114
 9.3 氨氮的测定实验风险评估及应急防范措施 ··· 115
 9.4 总氮的测定实验风险评估及应急防范措施 ··· 116
 9.5 总磷的测定实验风险评估及应急防范措施 ··· 117
 9.6 地表水中细菌总数和大肠菌群的测定实验风险评估及应急防范措施 ··················· 119
 9.7 膜法水处理实验风险评估及应急防范措施 ··· 120
 9.8 活性炭吸附实验风险评估及应急防范措施 ··· 121
 9.9 臭氧氧化脱色实验风险评估及应急防范措施 ··· 123
 9.10 滤池、沉淀池实验风险评估及应急防范措施 ··· 124
 9.11 混凝实验风险评估及应急防范措施 ··· 125
 9.12 活性污泥性质与污泥比阻测定实验风险评估及应急防范措施 ·························· 126
 9.13 废水可生化性实验风险评估及应急防范措施 ··· 128
 9.14 营养化水体中藻类的测定与评价实验风险评估及应急防范措施 ······················ 129
 9.15 水中碱度的测定实验风险评估及应急防范措施 ··· 131
 9.16 底泥对苯胺吸附实验风险评估及应急防范措施 ··· 132
 9.17 水硬度的测定实验风险评估及应急防范措施 ··· 133
 9.18 除尘实验风险评估及应急防范措施 ··· 134
 9.19 空气中甲醛的采样与测定实验风险评估及应急防范措施 ································· 135
 9.20 空气中NO_x的测定实验风险评估及应急防范措施 ·· 136
 9.21 模拟有机废气的催化氧化实验风险评估及应急防范措施 ································· 138
 9.22 富营养化水体中藻类的测定与评价实验风险评估及应急防范措施 ·················· 139
 9.23 颗粒自由沉淀实验风险评估及应急防范措施 ··· 140
 9.24 废塑料热分解实验风险评估及应急防范措施 ··· 141
 9.25 有机垃圾厌氧发酵产甲烷实验风险评估及应急防范措施 ································· 142
 9.26 固体废物"三成分"的测定实验风险评估及应急防范措施 ······························ 144
 9.27 固体废物浸出无机阴离子实验风险评估及应急防范措施 ································· 145
 9.28 固体废物浸出毒性（重金属）实验风险评估及应急防范措施 ·························· 146

第10章　实验室事故应急处置······149
10.1　应急预案······149
10.2　应急处置物资······151
10.2.1　检测类设备······151
10.2.2　个体防护用品······152
10.2.3　其他辅助物品······153
10.2.4　急救物品······154
10.2.5　其余物品······155
10.3　危险化学品泄漏应急处置······157
10.3.1　处置流程······157
10.3.2　常见处置方法······158
10.4　温度计汞泄漏应急处置······159
10.5　废液桶膨胀处置方法······159
10.6　现场急救基本知识······159
10.6.1　现场急救步骤······159
10.6.2　现场急救技术······161

第1章 环境类实验室安全概述

受学科特性影响,在环境类实验室开展实验会面临诸多风险,如危险源种类复杂(环境科学常与化学、生物学、地学等学科交叉,可能同时涉及化学、生物、物理等多类危险源),污染扩散潜在性高(实验使用的污染物若处理不当,可能通过空气、废水或固体废物等途径外泄,对生态环境造成长期影响),因此环境类实验室安全管理面临较大压力。通过采取系统的管理措施和技术手段,构建环境类实验室安全综合治理体系,预防和控制实验过程中可能产生的各类风险,保障人员健康、设备安全及环境质量,显得尤为重要。

1.1 实验室安全管理体系

1.1.1 实验室安全工作小组

实验室安全责任体系是科研活动安全、有序进行的重要保障,通过责任体系明确实验室负责人、安全管理员、实验人员等层级的职责,有利于形成"人人有责、层层负责"的约束机制,增强全员主动防范的风险意识。同时,清晰的责任链条便于事故后快速定位问题环节,降低实验室整体责任风险。

成立实验室安全工作小组是构建实验室安全责任体系的关键,实验室安全工作小组是安全工作的"中枢神经",其存在不仅为了规避风险,更是通过专业化、制度化的管理,为科研创新提供可持续的支撑环境。唯有建立权责清晰、响应敏捷的管理实体,才能将"安全第一"的口号转化为可操作的行动框架。以高校为例,环境类实验室所在二级学院应成立实验室安全工作小组,由学院党政主要负责人、分管实验室安全负责人、实验中心主任、实验系列人员和各教研所教师代表组成。实验室安全工作小组接受学校实验室与设备管理处及相关安全管理部门的安全业务指导,对学院安全工作负责。

对高校开展环境类实验的学院来说,学院党政主要负责人是本单位实验室安全工作第一责任人,分管实验室安全的副院长是本单位实验室安全工作重要责任人。各实验室负责人是本实验室安全工作的直接责任人。学院实验室安全工作坚持"谁使用、谁负责"的原则。

(1)学院党政主要负责人对本单位实验室安全工作负有下列职责。

①建立健全并落实本单位全员实验室安全责任制,加强实验室安全标准化建设;

②组织制定并实施本单位实验室安全规章制度和操作规程;

③组织制定并实施本单位实验室安全教育和培训计划；

④保证本单位实验室安全投入的有效实施；

⑤组织建立并落实安全风险分级管控和隐患排查治理双重预防工作机制，督促、检查本单位的实验室安全工作，及时消除实验安全事故隐患；

⑥每半年至少组织一次实验室安全全面检查，研究分析实验室安全存在的问题；

⑦组织制定并实施本单位的实验安全事故应急救援预案，每年至少组织和参与一次应急救援演练；

⑧发生事故时迅速组织抢险救援，并及时、如实向学校主管部门实验室与设备管理处、应急管理部门和其他负有安全生产监督管理职责的部门报告事故情况，做好善后处理工作，配合调查处理；

⑨每年在教职工大会上报告实验室安全情况，接受工会、教职工、学生对实验室安全工作的监督。

（2）分管实验室安全的副院长对本单位实验室安全工作负有下列职责：

①组织拟订本单位的实验室安全规章制度并指导实施；

②对实验室开展的科研工作是否符合相关法律法规提出意见，对本单位实验室安全管理制度提出意见；

③每季度至少组织一次实验室全面检查，及时研究解决实验室安全存在的问题，并向主要负责人报告实验室安全情况；

④组织落实重要危险源管理、实验室安全风险分级分类、实验事故隐患排查治理；

⑤协助本单位主要负责人组织并参与应急救援演练；

⑥对拟奖惩、入党、职务调整和晋升职称的教职工，提出实验室安全工作履职意见；

⑦法律、法规规定的其他实验室安全工作职责。

（3）学院各实验室负责人全面负责实验室安全建设、运行和管理，履行实验室安全工作职责。实验室负责人每学期至少参与一次学院安全综合检查。实验室负责人对本实验室安全工作负有下列职责。

①落实上级各项实验室安全管理制度，根据实验室特点，制定本实验室安全管理制度、操作规程和应急预案；

②组织做好本实验室危险物品和设施设备的采购、储存、使用、登记和实验废物分类收集等的安全管理工作；

③对实验室内所有空间事项实施网格化管理，指定专人负责安全档案、整改报告、危化品、特种设备、水电、废弃物、卫生等的管理事项，逐天落实安全值班人员；

④组织做好本实验室大型科研实验和危险实验项目、实验室建设与改造项目的安全风险评估、申报和实验过程的安全管理工作；

⑤组织做好本实验室危险源辨识与管控，建立并完善实验室危险源动态台账；

⑥结合教学、科研实验项目的安全要求，做好本实验室安全设施的建设与管理；

⑦落实实验室使用人员安全准入和特殊岗位持证上岗制度；

⑧为实验室使用人员提供安全的实验环境与个体防护用具；

⑨负责本实验室安全隐患的排查和整改、安全事故的处置、报告、教育与警示等，

配合政府相关部门、学校以及所在二级单位做好实验室安全事故调查处置工作。

（4）学校应设立党员先锋岗，发挥模范示范作用，为各实验室指定工作认真负责、熟悉实验室安全管理规定和技术规范的人员担任实验室安全员。其主要职责如下。

①协助实验室负责人巡查本实验室的日常活动，制止违规行为；

②协助实验室负责人制定实验室安全管理制度、技术规范和实验操作规程；

③协助实验室负责人做好本实验室安全工作日志和安全事故记录，并归档备查；

④协助实验室负责人对本实验室使用人员进行安全教育、培训和必要的安全风险告知；

⑤协助实验室负责人组织开展实验室安全自查，落实本实验室安全隐患整改；

⑥协助实验室负责人做好本实验室危险物品和安全防护设施的日常管理，发现实验室安全隐患或突发状况，及时向实验室负责人和所在二级单位报告。

（5）凡进入实验室开展教学科研或其他活动的实验室使用人员是相关实验活动的安全责任人，其主要职责如下。

①遵守实验室安全管理制度和操作规程，熟悉实验室应急处置程序；

②接受实验室安全准入相关培训，如实确认受训情况；

③按照要求做好实验前的实验项目风险评估，并由实验室负责人确认后方可开展实验；

④如发现实验室存在紧急或严重的安全隐患，或在实验活动过程中发生紧急或严重的安全情况，应及时向实验室安全员和实验室负责人报告。

1.1.2　实验室安全法规与管理制度

1. 法律法规

与环境类实验室安全相关的法律法规有《中华人民共和国安全生产法》《中华人民共和国消防法》《中华人民共和国职业病防治法》《中华人民共和国特种设备安全法》《中华人民共和国放射性污染防治法》《中华人民共和国突发事件应对法》《高等学校实验室安全规范》《高等学校实验室安全分级分类管理办法（试行）》《危险化学品安全管理条例》《易制毒化学品管理条例》《易制爆危险化学品治安管理办法》《使用有毒物品作业场所劳动保护条例》《特种设备安全监察条例》《气瓶安全监察规定》《放射性同位素与射线装置安全和防护条例》《生产安全事故应急条例》等。

2. 管理制度

条条制度血养成，莫用鲜血再验证。实验室安全管理制度的建立既符合安全相关法律法规要求，也能够规范实验人员操作。通过安全管理制度教育和培训，可以增强实验室人员的安全意识，形成良好的安全文化，降低人员受伤的风险，保障实验室工作人员的安全。

根据上述法律法规，实验室应建立健全实验室安全管理制度，出台规范性文件，确保其具有可操作性和实际管理效应，并充分考虑学科专业特点和实验情况，及时修订更新。实验室安全管理制度主要包括以下方面：

①安全检查制度：对实验室开展"全员、全过程、全要素、全覆盖"的定期安全检查，核查安全制度、责任体系、安全教育落实情况和设备设施存在的安全隐患，实行问题排查、登记、报告、整改、复查的"闭环管理"。

②安全教育培训与准入制度：进入实验室学习或工作的所有人员应先参与安全知识、安全技能和操作规范培训，掌握设备设施、防护用品正确使用的技能，考核合格后方可进入实验室进行实验操作。

③项目风险评估与管控制度：凡涉及重要危险源的教学、科研项目，经过风险评估后方可开展实验活动，这些危险源包括有毒有害化学品（剧毒、易制爆、易制毒、爆炸品等）、危险气体（易燃、易爆、有毒、窒息性）、动物及病原微生物、辐射源及射线装置、同位素及核材料、危险性机械加工装置、强电强磁与激光设备、特种设备等。对存在重大安全隐患的项目，在未落实安全保障前，不得开展实验活动。

④危险源全周期管理制度：应对重要危险源进行全周期管理，包括采购、运输、储存、使用、处置等流程。采购和运输时应选择具备相应资质的单位和渠道，储存时要使用专门储存场所并严格控制数量，使用时应由专人负责发放、回收和详细记录，实验后产生的废物应统一收储并依法依规处置。应对危险源进行风险评估，建立重大危险源安全风险分布档案和数据库，并制定危险源分级分类处置方案。

⑤安全应急制度：学校、二级单位和实验室应建立应急预案和应急演练制度，定期开展应急知识学习、应急处置培训和应急演练，保障应急人员、物资、装备和经费，保证应急功能完备、人员到位、装备齐全、响应及时。应定期检查实验防护用品与装备、应急物资的有效性。

⑥实验室安全事故上报制度：发生实验室安全事故后，学校应立即启动应急预案，采取措施控制事态发展，同时在1小时内如实向所在地党委、政府及其相关部门和高校主管部门报告情况，并抄报教育部，不得迟报、谎报、瞒报和漏报，并根据事态发展变化及时续报。

3. 制度的落实

完善的制度若不能落地执行，就成了一纸空文，形同虚设。落实制度，可以从加强宣传教育、开展多样化宣传、建立监督机制、建立奖惩机制、持续改进五个方面进行。

（1）加强宣传教育。

做实做细三级安全教育，全员培训，让师生充分了解规章制度的内容和意义，提高员工的遵规意识。在校级层面，利用新教工入职教育、安全月主题活动，对师生开展制度教育；在学院层面，利用教职工大会、安全工作小组会议、新生入学教育，组织全员制度培训；在实验室层面，对拟进入实验室的师生开展准入教育，做好实验室级安全制度宣教。

（2）开展多样化宣传。

通过宣传栏、安全微视频、微信群、企业微信、电子邮件等平台和渠道宣传实验室安全规章制度，加深师生、员工对规章制度的印象。

(3)建立监督机制.

①设立监督部门:设立校级实验室安全工作委员会,负责监督规章制度的执行情况。

②定期检查:定期对规章制度的执行情况进行检查,可以通过自查和互查的方式开展检查。发现问题应及时整改,并对违规行为进行严肃处理。

(4)建立奖惩机制。

①奖励机制:对于遵守规章制度的实验室员工及师生给予一定的奖励,以激励全员自觉遵守规章制度。

②惩罚机制:对于违反规章制度的实验室员工及师生进行相应的惩罚,以作警示,确保规章制度的权威性。

(5)持续改进。

①收集反馈:定期收集师生对规章制度的意见,了解规章制度的实施效果及存在的问题。

②及时调整:根据师生的意见和实际情况,及时调整规章制度,以确保其适应实验室的发展需求。

1.2 实验室安全教育与准入

长期以来,实验室安全教育因被认为不涉及高深莫测的专业理论知识,很少作为一门单独的课程被安排在教学计划中。而且实验室安全教育涉及的内容缺乏系统性,教育形式多为零散、短暂的培训和讲座,穿插在学生的其他专业课程和实验室科研活动中。这种缺乏系统性教学的现状,与实验室安全的重要性之间存在矛盾。这一现状可能会导致相关专业的学生安全意识淡薄,缺乏必要的实验室安全知识和技术。一言以蔽之,为不同专业学生设计具有针对性的、系统性的实验室安全培训十分重要却很稀缺。以设置环境类相关专业的高校为例,实验人员进入环境类实验室开展实验前,需完成学校、学院及拟进入的实验室这三级的安全教育,并参加考核,完成拟进入实验室的风险评估后,方可进入实验室开展实验。

1.2.1 校级实验室安全教育

由于全校实验人员众多,很难集中开展实验室安全教育,可通过发放实验室安全手册、开展实验室安全大讲堂、建立实验室安全微信公众号,线上线下同步开展安全教育。

1. 开展校级实验室安全规章制度教育

结合相关法律法规,介绍本校实验室安全规章制度,包括相关单位及人员职责、奖惩制度及责任追究、安全检查及隐患整改、管制类化学品采购、实验废弃物回收等。强调实验室安全准入制度,明确进入实验室前需要接受的安全培训和考核。

2. 培养实验人员安全意识

通过分析本校及同类高校实验室事故案例的原因，增强实验人员的安全意识和风险防范能力，强调实验室安全的重要性和个人责任，鼓励学生养成严格遵守规章制度的好习惯。

3. 讲授实验室安全知识

通过举办实验室安全大讲堂，普及实验室常见的安全隐患和危险源，如电气安全隐患、化学品安全隐患、机械安全隐患等。教授实验室安全标识的识别方法，让实验人员了解各种安全标识的含义和作用。

4. 开展实验室应急处置技能培训

通过开展应急演练，使实验人员掌握应急处置技能，如火灾、危化品泄漏、人员受伤等情况的应急处置技能。教授学生在紧急情况下，快速拨打应急救援电话，快速获取并正确使用灭火器材、急救设备等应急处置工具的方法。

1.2.2 学院级实验室安全教育

面向不同人群，如新进教职工、科研助理、新生等，有针对性地开展学院级实验室安全教育。

1. 介绍学院实验室安全规章制度

详细说明学院实验室安全规章制度，包括实验室安全责任体系、实验室安全管理、实验室准入、实验室事故责任追究、表彰与奖励、通宵过夜管理规定、危化品管理及应急处置预案、门禁管理办法等。确保每位即将进入实验室的人员都能理解规章制度的制定目的和执行要求，并遵守安全规章制度。

2. 讲解实验室安全基础知识

强调实验室安全的重要性，包括个人安全、水电安全和实验环境安全的重要性。结合环境类学科实际情况，介绍实验室常见的安全隐患和危险源，以及如何识别和避免这些风险。

讲解危险性化学品的管理方法，特别是有毒、易燃、易爆、有腐蚀性的危险性化学品的管理。介绍危险性化学品标签的识别方法，避免误用或混用危化品。

3. 介绍实验室设备与安全设施

介绍实验室常见设备的安全使用方法和注意事项，如通风设备（通风柜、万向罩、不锈钢罩）、高温设备（烘箱、马弗炉、管式炉等）、低温设备（冰箱）、特种设备（气瓶、灭菌器）、辐射设备（双束聚焦离子束场发射扫描电镜、透射电子显微镜等）。讲解安全设施（如灭火器、灭火毯、消防沙、应急柜、喷淋洗眼器等）的位置、使用方法和维护保养要求。

4. 开展实验室安全操作规程培训

开展实验室安全操作规程培训，使实验人员掌握正确的实验操作方法和技巧，避免不当操作导致的安全事故。讲解实验过程中应佩戴的个体防护装备（如实验服、手套、口罩、护目镜等）及其正确使用方法。

5. 提倡开展微型化、无害化绿色实验

设计实验方案时，应遵照"环保、节约"的原则，在满足实验目的的情况下应尽量采用无毒、无害或低毒、低害的试剂，也可采用实验室条件允许的方法对危险化学品进行回收和循环利用。严禁将未经无害化处理、可能污染环境的危险化学废物倾倒、排入地下（下水）管道以及任何水源，或作为普通生活垃圾随意弃置、堆放填埋，或与生活垃圾、生物医疗废弃物、放射性废物等混装收集和回收。

6. 开展应急处置措施培训

面向实验人员开展培训，使其掌握火灾、危化品泄漏、人员受伤等紧急情况发生时的应急处置措施。教授学生如何正确使用急救设备和报警系统，以及在紧急情况下如何寻求帮助和自救。

7. 增强安全意识与责任意识

通过分析本学院及同类院校实验室事故发生原因及造成的后果，培养和提高学生的安全意识，强调每个人都有责任维护实验室的安全。鼓励学生积极参与实验室的安全管理和改进工作，形成良好的安全文化氛围。

1.2.3 实验室级安全教育

在校级、学院级和实验室级三级安全教育中，实验室级安全教育是非常重要的一环，它直接关系到实验室人员在日常工作中的安全操作和应急处置能力。可以围绕以下几个方面开展实验室级安全教育。

1. 明确教育目标和内容

教育目标为使实验室人员掌握实验室安全知识，熟悉实验室安全操作规程，增强安全意识和自我保护能力。

教育内容可包括以下几项：

①实验室安全规章制度：包括实验室安全管理制度、操作规程、危险化学品管理制度等。

②实验室危险源识别与评估：识别实验室中的危险源，如易燃易爆物品、有毒有害化学品、高压高温设备等危险源，并进行风险评估。

③个体防护装备的使用：个体防护装备（如防护服、防护眼镜、口罩、手套等）的正确使用方法和注意事项。

④应急处理与自救互救技能：培训实验室人员在发生事故时的应急处理能力和自救互救技能，包括火灾、化学品泄漏、触电等事故的应急处理措施。

2. 制定教育计划和方案

①制定计划：根据实验室的实际情况和人员需求，制定详细的实验室级安全教育计划和方案。

②组织师资：聘请具有丰富经验和专业知识的教师或专家进行授课，本实验室负责人、课题组老师或高年级学生由于熟悉实验室情况，了解仪器设备操作，也可以作为安全培训师资，确保安全教育内容的准确性和实用性。

③准备教材：编制或选用适合实验室特点的教材、案例和演示材料，提高教育的针对性和吸引力。

3. 实施教育培训

①理论讲解：通过课堂讲授、PPT展示等方式，向实验室人员传授实验室安全知识和操作规程。

②实操演练：组织实验室人员进行实际操作演练，如穿戴个体防护装备、使用安全设备等，加深理解和记忆。

③案例分析：结合实验室安全事故案例进行分析讨论，提高实验室人员的安全意识和风险防范能力。

4. 开展考核与评估

①考核：对参加教育培训的实验室人员进行考核，检查其掌握情况和学习效果，考核形式可以包括笔试、实操等。

②评估：对教育培训的效果进行评估，收集反馈意见和建议，不断改进和完善教育培训工作。

5. 持续监督与改进

①持续监督：对实验室人员的安全操作行为进行持续监督，确保其遵守安全规程和制度。

②定期复审：定期对实验室级安全教育进行复审和更新，以适应新的安全要求和技术变化。

③持续改进：根据复审结果和反馈意见，对实验室级安全教育进行持续改进和优化，提高教育的质量和效果。

通过以上步骤和要点的实施，可以做好三级安全教育中的实验室级安全教育工作，提高实验室人员的安全意识和自我保护能力，为实验室的安全运行提供有力保障。

1.2.4　实验室安全教育形式

2021年12月，教育部办公厅印发《关于开展加强高校实验室安全专项行动的通知》，明确指出要强化实验室安全教育体系建设，把实验室安全教育纳入学生的培养环节中，让安全教育"入心入脑"。2023年2月，教育部办公厅印发《高等学校实验室安全规范》，其中也提到要加大安全教育宣传力度，提高师生安全意识。学校和二级单位应按照"全员、全面、全程"的要求，创新宣传教育形式，开展安全宣传、经验交流等活动，建设有特色的安全文化。那么，如何做到让安全教育"入心入脑"？可采取以下具体措施。

1. 举办讲座式培训

通过举办实验室安全大讲堂的方式，邀请安全专家或资深安全管理人员进行实验室安全知识讲解，向师生传递实验室安全知识和经验。这种培训形式可以高效地覆盖实验室安全核心内容。

2. 案例式培训

讲解实验室安全事故案例，深入剖析事故基本情况、事故发生的直接原因和间接原因、事故救援情况、事故实验室相关情况及主要问题、对事故有关责任人员和责任单位的处理意见、事故主要教训、事故防范措施和建议，使参训人员吸取事故教训，提升其实验室安全意识，防范同类事故再次发生。

分享同类实验室优秀安全管理经验，帮助提升实验室的安全管理水平、启发创新思维、增强安全意识、促进经验交流、强化风险管理、推动持续改进、增强信心与动力，增强师生分析和解决实验室安全问题的能力。

3. 角色扮演培训

模拟环境类实验室意外事故发生的情境，让实验人员以特定的角色进行沟通、协调和应急处置。角色扮演结束后通过自评、互评和专家点评的方式，查漏补缺，提高实验人员的沟通能力、换位思考能力、团队合作能力和应急处置能力。

4. 互动参与式培训

将参训的实验人员进行分组，各组选派组长、记录员、计时员、记分员、发言人等角色，制定各自队名、口号。采取积分排名的方式，让各组根据不同的实验室安全问题在组内分别开展研究探讨，集思广益，充分调动各组的积极性，最大限度地发挥人员主观能动性。

5. 竞赛式培训

通过组织实验人员参与实验室安全知识竞赛、技能比武、微视频大赛等，促使其积极学习实验室安全理论知识，熟练掌握实验室事故应急处置技能，丰富实验室安全文化。

6. 实操式培训

让学员演示个体防护用品的选择与佩戴、实验仪器设备的安全操作规程、灭火器的使用、心肺复苏等，加深学员对技能的理解程度，提高学员动手能力和实际操作能力。

7. 换位法培训

提前给实验人员布置一个与实验室安全相关的培训主题，由实验人员轮流讲授安全知识、开展安全专题演讲、分享安全主题故事等，使实验人员从被动接受安全知识到主动学习讲授安全知识。

实验室安全教育形式多样，各有优势，可以根据培训目标和实验人员的特点灵活选用。例如，若需要快速传递大量知识，则讲座式培训可能更为合适；若需要提升实验人员实际操作能力，则可以选择实操式培训。同时，结合多种培训方法往往能取得更好的培训效果，如将案例分析与角色扮演相结合，或者将实操训练与竞赛相结合。

1.2.5　实验室安全准入

做好实验室安全准入工作，是确保实验室安全运行、保护实验人员及环境安全的重要前提。以下是一些关键步骤和要点。

1. 制定和完善安全准入制度

①明确准入条件：规定实验室负责人、实验人员及临聘合作人员进入实验室的基本条件，如必须具备相关专业教育经历、相应的专业技术知识及工作经验等。有条件的实验室，建议由负责安全的职能部门统一安装门禁系统，或者由二级单位（学院）自筹经费安装门禁系统，建立门禁系统管理办法。

②明确培训要求：要求所有进入实验室的人员必须接受实验室安全维护相关知识、实验室制度、安全操作规程、个体防护等内容的教育培训，并了解实验工作的安全风险，签署安全知情书。

③加强应急处置能力：确保实验人员熟悉意外事件和安全事故的应急处置原则、预案和上报程序。

2. 实施安全准入考试和审核

①安全准入考试：通过线上或线下的方式，对拟进入实验室的人员进行安全知识考查，考试内容应涵盖实验室安全规章制度、安全操作规程、应急处置等方面。考试成绩达到合格水平者方可准入。

②落实准入申请与审核：相关人员需签订实验室安全责任书，实验人员需填写实验室门禁系统准入申请表，临聘及合作人员需填写临聘及合作人员实验室安全承诺书等文件；需要对拟进入的实验室及拟开展的实验进行风险评估，填写实验风险评估表并交由导师审核签字。

3. 加强实验室安全管理和监督

①张贴安全标识：在实验室醒目位置张贴安全操作规程和安全警示标识标牌，特别是危险化学品、高温设备、灭菌锅、气瓶等的存放及使用区域。

②定期对实验室进行安全检查：水、电、气等管路的阀门或开关的安全状况，消防器材、应急冲淋和洗眼装置、急救药箱等的完好性和可用性等。

③规范行为：实验人员在实验室内保持安静，不得高声喧哗、吸烟，实验物品及实验废弃物应妥善处置，未经同意不得带出实验室。

4. 增强实验人员的安全意识和技能

①开展定期培训：定期组织实验人员进行安全培训，包括新入职员工培训、定期复训以及针对特定实验项目的专项培训。

②开展实战演练：开展应急演练活动，如火灾逃生、化学品泄漏应急处理等，提高实验人员的应急处置能力。

③重视文化建设：营造实验室安全文化氛围，鼓励实验人员主动报告安全隐患和事故，共同维护实验室安全。

5. 明确责任追究制度和奖惩机制

①明确责任追究制度：对违反实验室安全规章制度、造成安全事故的责任人进行严肃处理，追究其相应责任。

②明确奖惩机制：建立实验室安全奖惩机制，对于在实验室安全工作中表现突出的个人或团队给予表彰和奖励；对忽视安全、违反规定的个人或团队进行通报批评或处罚，取消门禁权限，并要求其通过安全考核后再重新申请准入。

1.3 实验室安全文化

1.3.1 实验室安全文化的概念

1. 广义的安全文化

广义的安全文化是指在人类生存、繁衍和发展历程中，在其从事生产、生活乃至生存实践的一切领域内，为保障人类身心安全并使其能安全、舒适、高效地从事一切活动，预防、避免、控制和消除意外事故和灾害，为建立起安全、可靠、和谐、协调的环境和匹配运行的安全体系，为使人类变得更加安全、康乐、长寿，为使世界变得友爱、和平、繁荣而创造的物质财富和精神财富的总和。它不仅包含安全理念、安全意识、安全情感、安全价值观、安全态度、安全心理、安全认知、安全行为准则等内化的文化素质，还包含安全理论体系、安全知识系统、安全行为方式、安全行为习惯、安全制度、安全标准、安全标识、安全凝聚力、安全激励力等外化的文化表象和载体。

2. 狭义的安全文化

狭义的安全文化，特别是企业安全文化，是指企业在长期安全生产和经营活动中逐步形成的，或有意识塑造的，为全体员工接受、遵循的，具有企业特色的安全价值观、安全思想和意识、安全作风和态度，安全管理机制及行为规范，安全生产奋斗目标，为保护员工身心安全与健康而创造的安全、舒适的生产和生活环境和条件，是企业安全物质因素和安全精神因素的总和。

3. 实验室安全文化

实验室安全文化是指在实验室环境中形成的一种独特的文化氛围，它强调安全意识、安全行为和安全责任的重要性，确保实验室活动在保障人员、设备、环境和数据安全的条件下进行。这种文化通过共同的安全价值观、信念、行为准则和实践，引导实验室所有成员积极参与安全管理，共同维护实验室的安全与稳定。

安全文化的内涵丰富，它强调"以人为本"，是通过安全承诺、安全行为激励、安全信息沟通、自主安全学习、安全事务参与等形式而建立的为员工群体所共享的安全价值观、态度、道德和行为规范的总和。安全文化具有以下基本特征：

①以人为本：以人的安全健康为出发点和落脚点，强调人的安全意识和行为的重要性。

②全员参与：安全文化需要全体员工的共同参与和努力，形成共同的安全价值观和行为规范。

③持续改进：安全文化是一个动态发展的过程，需要随着企业内外环境的变化而不断调整和完善。

④预防为主：安全文化强调预防为主，通过加强安全管理和教育，提高员工的安全意识和技能，减少事故的发生。

1.3.2　形成实验室安全文化的意义

实验室安全文化的形成，不仅关乎实验室人员的个人安全与健康，还直接影响科研工作的顺利进行、实验室资产的保护以及整个科研环境的稳定与可持续发展。建设良好的实验室安全文化的意义主要体现为以下六个方面。

1. 保障人员安全

实验室是进行科学研究和实验活动的重要场所，其中涉及众多潜在的危险因素，如危险化学品、生物制品、辐射源、高温高压设备等。加强实验室安全文化建设，能够提高实验人员的安全意识和自我保护能力，有效预防事故的发生，保障实验人员的生命安全和身体健康。

2. 促进科研工作顺利进行

安全是科研工作的前提和基础。一个安全、有序的实验室环境能够减少意外事故的发生，避免因安全问题导致的实验中断或数据丢失，从而保障科研工作的连续性和稳定性，提高科研效率和成果质量。

3. 保护实验室资产

实验室资产包括仪器设备、化学试剂、生物样本等，是科研工作的物质基础。加强实验室安全文化建设，有助于规范实验操作，防止因不当操作或疏忽大意导致的设备损坏、试剂浪费等问题，保护实验室资产的安全和完整。

4. 提升科研环境质量

安全文化的建设不仅关注具体的安全措施和规章制度，更注重营造一种积极向上的安全氛围。这种氛围能够激发实验人员的责任感和使命感，促进团队协作和沟通交流，营造和谐与稳定的科研环境。实验室是推动科学研究和技术创新的基础，安全文化的建设能够为科学研究提供坚实的保障。

5. 履行法律法规要求

实验室安全文化建设也是履行法律法规要求的重要体现。国家和地方对实验室安全管理有一系列法律法规，加强实验室安全文化建设有助于确保实验室的各项活动符合法律法规要求，避免因违法违规行为导致的法律风险和声誉损失。

6. 培养安全意识和习惯

安全文化的建设是一个长期的过程，它强调在日常工作中不断灌输安全知识和强化安全意识，使实验人员形成良好的安全习惯和行为模式。这种习惯一旦形成，将对实验人员的职业生涯产生深远影响，使他们在任何工作环境中都能保持高度的安全警觉性和自我保护能力。

1.3.3 如何培育良好的实验室安全文化

良好的实验室安全文化不仅是实验人员的"保护伞"，更是科研创新的"加速器"。良好的安全文化能够使安全习惯代际传递，使新进实验人员能够快速融入规范体系，体现了对生命的敬畏、对科学的尊重。唯有将安全内化为文化基因，才能让探索未知的道路既充满勇气，又不失稳健。培育良好的实验室安全文化需要系统性规划和全员参与，以下是培育良好的实验室安全文化的关键步骤及建议。

1. 制度先行：建立清晰的安全管理体系

①制定标准化规程：明确实验室准入、操作流程、应急预案等，形成书面文件并定期更新。

②落实责任分工：指定安全负责人，划分区域管理职责，确保"事事有人管"。

③引入奖惩机制：对合规行为进行表彰（如"安全之星"评选），对违规操作进行追责（如通报、限权）。

2. 教育浸润：通过分层培训强化安全意识

①岗前培训：面向新成员开展安全知识与实操培训。

②常态化学习：定期组织案例研讨（如国内外实验室事故分析）、安全讲座（邀请消防/急救专家做讲座）。

③场景化演练：每季度开展危化品泄漏、设备故障等事件的应急演练，确保快速响应能力。

3. 环境营造：打造可视化的安全场景

①标识系统全覆盖：根据实验室的具体情况和需求，确保实验室各区域、各设备均张贴相应的安全警示标志，如警告标志（黄色）、禁止标志（红色）、指令标志（蓝色）、提示标志（绿色）等（详见图1-1）。

图1-1　部分安全警示标志

②安全设施便捷可用：确保洗眼器、灭火器、急救箱位置显眼且功能正常，定期检查记录。

③文化渗透：通过安全标语墙、电子屏、月度安全简报等载体宣传实验室安全文化。

4.全员参与：构建双向反馈机制

①建立基层安全员制度：每个课题组选聘1名安全员，负责日常巡查和问题上报。

②搭建开放式沟通渠道：设立匿名建议箱或线上平台，鼓励师生举报隐患（如设备老化、通风故障）。

③组织文化共创活动：组织安全知识竞赛、创意海报设计活动，增强师生参与感与认同感。

5.持续改进：实施动态评估与优化

①定期组织风险评估：每学期聘请第三方机构开展安全审计，识别薄弱环节。

②改进与优化：分析近三年事故（如割伤、火灾），针对性加强防护措施。

③对标行业标杆：学习国内外顶尖实验室（如麻省理工学院生物安全四级实验室）的安全管理经验。

第2章 环境类实验室安全管理

2.1 实验场所安全管理

2.1.1 场所环境优化与安全规范

1. 明示安全信息

在每个实验场所的显著位置,特别是各房间入口处,均需悬挂详尽的安全信息牌。这些信息牌中的信息需及时更新,内容涵盖实验室的分级分类详情、明确的安全风险点警示、指定安全责任人的信息、涉及的危险物质类别、必要的防护措施概览以及紧急情况下的有效联系电话。

2. 合理的空间规划

实验场所的空间规划需严格遵循安全原则。对于面积超过 200 m^2 的楼层,至少设置两个安全出口;而面积在 75 m^2 以上的实验室,则必须配备双出入口,以确保紧急疏散的高效性。实验楼的主要通道需保持至少 1.5 m 的净宽,以便作为消防通道,而实验室操作区的层高则不应低于 2 m,以保障操作空间的充足与安全。对于理工农医类实验室,当多人同时作业时,每位实验者的人均操作面积需达到或超过 2.5 m^2,以保障作业环境的安全。

3. 严格遵循消防与装修安全标准

实验室区域内,必须保持消防通道畅通无阻,严禁在消防通道堆放任何仪器或物品,以防阻碍紧急疏散。实验室的建设与装修过程需严格遵循消防安全标准,如实验操作台采用防火、耐腐蚀材料,仪器设备的安装需符合建筑物的承重要求。对于涉及可燃气体的实验室,需特别规定不得设置吊顶,以减少潜在的安全隐患。此外,应及时拆除或妥善封闭废弃的配电箱、插座、水管等设施。实验室门的设计需包含观察窗,并采用外开门方式,确保逃生路径畅通无阻。

4. 应急准备与设备维护

所有实验室房间均须配备应急备用钥匙,这些钥匙需集中存放于易于取用的地点,并实施统一管理,以便在紧急情况下迅速响应。同时,针对实验设备的运行特性,采取必要的减振、电磁屏蔽及降噪措施,确保设备运行稳定且不对环境造成不良影响。具体而言,振动敏感设备需加装减振装置,电磁敏感设备则需进行电磁屏蔽处理,而实验室整体噪声水平应控制在合理范围内,噪声一般不超过 55 dB(机械设备除外,其噪声限值为 70 dB)。

5. 水电气管线的规范布局

实验室内的水、电、气管线布局需精心规划，确保既满足实验需求又符合安全规范。采用管道供气的实验室，需定期检查输气管道及阀门，确保其无漏气现象，并清晰标注气体名称及流向。高温、明火设备与气体管道之间应保持安全距离，以降低火灾风险。此外，任何实验室改造工程均需经过严格审批后方可实施，确保改造过程的安全性与合规性。

2.1.2 实验室卫生维护与日常运维

1. 区域划分与独立管理

为确保实验室操作的安全与效率，实验室内部应实施严格的区域划分，确保有毒有害实验区与学习区相互独立。需特别针对涉及化学、生物、辐射、激光等高风险类别的实验室，进行更为细致的分区规划。在分区界限不够清晰的情况下，需加强现场监管，确保有毒有害物质的妥善管理，避免对工作环境及人员健康造成潜在威胁。

2. 环境整洁与秩序维护

实验物品应摆放整齐，遵循一定的逻辑与规范，以便于取用与归位。实验结束后，所有物品需及时归位，避免废弃物品滞留，同时禁止在实验室存放与实验无关的物品。此外，严禁将实验室作为休息场所，不得在其中睡觉、烧煮食物、饮食、吸烟及使用可燃性蚊香，以维护实验室的安全与卫生。

3. 卫生安全管理与记录制度

实验室应建立健全的卫生安全管理制度，明确操作规范与责任分工。在实验期间，需详细记录实验过程、安全措施执行情况以及异常情况，以便后续分析与改进。这些记录不仅是实验室管理的重要依据，也是保障实验人员安全与实验结果可靠性的关键信息。

2.1.3 场所安全要求

1. 实验室编号与登记制度

为便于管理与追溯，每间实验室均需分配唯一编号，并登记造册。这一制度有助于快速定位实验室位置、了解实验室性质及使用情况，为实验室的安全管理提供支持。

2. 急救物品配备与检查

针对危险性较高的实验室，需配备齐全的急救物品，包括但不限于急救药箱、消毒用品等。这些急救物品应存放于显眼且易于取用的位置，且药箱不应上锁，以确保在紧急情况下能够迅速获取。同时，需定期对急救药品进行检查，确保其处于有效期内，及时更新过期或失效药品。

3. 停用实验室的安全防范

对于暂时停用或长期未使用的实验室，需采取必要的安全防范措施，如断电、断水、断气等，并设置明显的警示标识，以提醒人员注意。这些措施有助于防止因疏忽大意而引发的安全事故，保障实验室的整体安全。

2.2 基础设施安全管理

2.2.1 电力与水资源设施安全管理

1. 电力安全管理

实验室电力配置应严格遵守国家及行业安全标准，确保配电容量、插座与设备功率相匹配，严禁私自改造电路。应稳固安装所有电源插座，为电气设施配置空气开关与漏电保护装置。避免使用串联接线板，优先选用经认证的新国标插座与线缆。及时更换老旧、破损的电气元件。应为大功率设备配置专用插座，切断长期闲置的电器的电源。应保持配电箱区域畅通无阻，远离热源、易燃物及化学危险品，且配电箱外壳有效接地。

2. 给排水系统优化

实验室给排水布局应科学合理，确保水槽、地漏及下水道畅通无阻，水龙头与管道完好无损。应特别关注冷却冷凝系统中橡胶管接口的耐用性，定期检查更换老化部件。明确标识各层级水管总阀以便于紧急操作与管理。

2.2.2 消防安全设施管理

1. 消防设施的配备

实验室安全的首要防线在于配备全面且适宜的消防设施。这包括但不限于烟感报警器、灭火器、灭火毯、消防砂及消防喷淋系统等，所有设备均需处于正常有效状态，确保在紧急情况下能够迅速投入使用。

2. 紧急疏散路径的优化设计

为确保实验室人员在火灾等紧急情况下能够迅速、有序地撤离，实验室内需规划并标识清晰明确的紧急逃生疏散路线。这些路线应包含两条以上路径，以确保在主要逃生通道受阻时仍有备选方案。同时，主要逃生路径的通道、楼梯、出口等需配备充足的紧急照明设施，并设置明确的逃生方向指示标志，确保人员在黑暗中也能迅速找到出路。

2.2.3 应急喷淋与洗眼装置的规范化配置与维护

1. 应急喷淋和洗眼装置的配置

在存在燃烧、腐蚀等高风险因素的实验区域，必须配备应急喷淋洗眼器和实验台面洗眼器（图2-1、图2-2），以便在事故发生时迅速为受伤人员提供初步救治。这些装置需安装在显著位置，并设有明显标志，以便于快速识别和使用。应急喷淋装置的安装位置需合理布局，确保与工作区域的通道畅通无阻，且距离不超过 30 m。喷淋头下方需保持无障碍物状态，总阀保持常开，以确保在紧急情况下能够立即启动。洗眼装置则需连接生活用水管道，保证供水流量和水压适中。

2. 装置的维护

为确保应急喷淋与洗眼装置始终处于良好状态，实验室需建立定期维护制度，以确保这些关键应急设施在关键时刻能够发挥应有的作用，为实验室人员的安全保驾护航。例如定期检查装置是否存在锈水、脏水等问题，以及准确详细地记录每次检查的结果。

 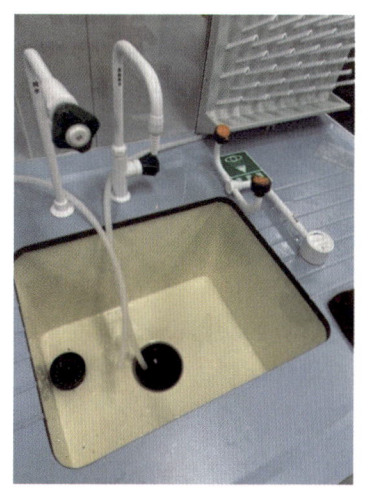

图2-1　应急喷淋洗眼器　　　　图2-2　实验台面洗眼器

2.2.4 通风系统的规范配置与高效运维

需要严格控制空气质量的实验场所，须严格遵循设计规范，部署高效运行的通风系统（如图2-3至图2-5所示）。通风系统采用耐腐蚀的管道风机，确保长期稳定运行，特别是在涉及可燃气体的环境中，应选用防爆风机以增强安全性。通风系统的柜口面风速维持在 0.35~0.75 m/s 的理想范围内，以优化空气流通效率。定期实施维护与检修计划，确保屋顶风机紧固无松动、运行无异常噪声，保障整体系统的顺畅运作。

当实验室排放的有害物质浓度超出国家法定排放标准时，应立即采取先进的净化措施，确保所排放气体达到环保要求。所有可能生成有毒有害气体、易燃易爆气体或蒸气的实验，均被要求在通风柜内安全进行，以最大限度减少人员暴露风险。

图 2-3　通风柜　　　　　图 2-4　万向排气罩　　　　　图 2-5　原子吸收罩

2.2.5　门禁监控管理

针对剧毒品、病原微生物、放射源及核材料等关键危险源所在的重点场所，必须安装门禁与监控设施，并指派专人负责日常管理，以确保这些区域安全、受控。

门禁与监控系统需保持正常运作状态，与实验室的准入制度紧密配合。监控系统应实现全方位覆盖，无监控盲区；图像质量清晰，能够清晰记录人员出入情况，且视频记录需至少保存30天。此外，系统需具备应对停电情况的能力，例如电子门禁在停电时要能自动开启，配备备用机械钥匙以供紧急情况下使用。

2.2.6　防爆设施的安全管理

1. 防爆实验室设计合规

对于存在防爆需求的实验室，其设计必须符合严格的防爆标准，包括但不限于安装防爆开关、防爆灯具等防爆设备，同时需配备气体报警系统、监控系统及应急系统等关键设施。对于可燃气体管道，需科学选用并安装阻火器，采取一系列有效措施预防或减轻危险爆炸性环境的形成，确保不存在任何潜在的有效点燃源。

2. 爆炸危险性仪器设备的安全防护

对于实验室中具备爆炸危险性的仪器设备必须做好安全防护，采取合适防护措施，例如安装安全罩，以降低安全风险，确保实验室操作环境的安全与稳定。

2.2.7　气体检测与警报

为确保在狭小且封闭的区域内使用可能引发窒息的气体（如液氮、液氢等无毒但窒息性的压缩或液化气体）的安全，必须安装专门的氧含量监测与报警系统。该系统能实时监测空间内氧气浓度的变化，一旦检测到氧气浓度低于安全阈值即触发警报，有效预防因气体泄漏或快速蒸发导致的缺氧环境。举例而言，当实验室内存放有40 L、15 MPa的窒息性气体气瓶时，根据实验室层高，需计算并确保空间面积不超过临界值（如2.8 m层高对应30 m^2，2.6 m层高对应35 m^2），以避免潜在风险。同理，对于存放10 L液氮的实验室，也需依据层高调整临界面积范围，以确保安全。

气体管路与气瓶的连接必须严格遵循规范，确保连接准确无误，同时所有管路应配备清晰、易于识别的标识。在选择管路材料时，需考虑其适用性，避免使用破损或老化的管路，并定期对管路进行气密性检测，确保无泄漏风险。对于配备有多条气体管路的场所，应设置详细的管路图并张贴在显眼位置，以便于人员识别和操作，进一步保障作业环境的安全（图2-6）。

 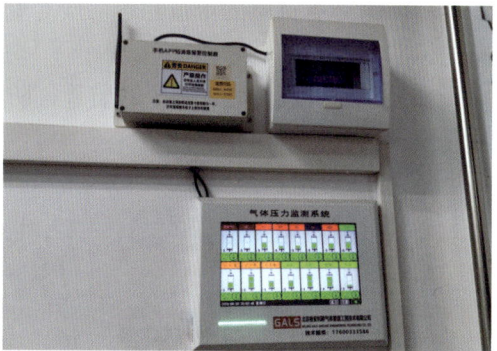

图2-6　气体管路连接监测示例

2.3　辐射与核材料安全管理

2.3.1　资质与人员管理

所有从事辐射工作的单位必须依法取得辐射安全许可证，明确放射性核素种类、用量及射线种类的使用范围，确保所有非豁免管理的射线装置、放射源及非密封放射性物质均纳入许可证管理范畴。许可证持有单位需设立专职机构或指定专人，负责核材料的保管与管制工作，确保账物相符，按照国家法律法规进行核材料衡算与核安保。

辐射工作人员需经过系统的辐射安全与防护培训，并持有合格证书或考核通过报告。定期（每两年一次）进行放射性职业健康检查，建立个人健康档案。工作期间，辐射工作人员必须佩戴个人剂量计，并由资质单位每三个月进行一次剂量监测，确保人员安全。

2.3.2　场所设施与物流管理

（1）设置安全警示装置：辐射设施和场所应配备完善的警示、联锁及报警装置，如放射源储存库的双人双锁、安全报警和视频监控系统。在辐照设施及射线装置中需装备有效的安全联锁与报警装置，并设置明显警示标识、警戒线及剂量报警仪。

（2）实验场所检测：确保每年对辐射实验场所进行合格性检测，以评估其安全性。

（3）物质转让与运输管理：放射源及放射性物质的转让、转移需严格履行学校及生态环境部门的审批备案程序。运输过程需经学校及公安部门审批，并根据规定评估场所变更影响。

2.3.3 实验安全

须遵循相关法律法规制定各类放射性装置操作规程、安保方案及应急预案，并定期组织演练（每年至少一次）。须特别关注高风险操作，如涉及γ辐照、电子加速器等的操作。

放射源及设备报废时需制定合规的处置方案或回收协议，不同半衰期的核素废物的处理需遵循相应规定，确保安全。严禁将放射性废物作为普通废物处理，需配置专用收集容器，送交有资质的单位贮存。废弃物的排放需符合环境影响评价及生态环境部门发布的标准。

加强放射性废弃物（源）的监管，防止擅自处置，确保所有废物处理过程符合法律法规要求。

2.4 机电设备安全管理

2.4.1 仪器设备日常管理

（1）设备登记与责任制：构建详尽的设备台账，确保每台设备均贴有资产标签，并明确指定管理人员，确保责任到人。

（2）电气与接地安全：所有仪器设备应符合电气安全标准，接地系统需按规范采用铜质材料，接地电阻不得超过 0.5Ω。特殊设备需采取双路供电、不间断电源等防护措施，避免长时间无监控运行。

（3）特殊设备安全防护：针对高温、高压、高速运动、电磁辐射等特殊设备，必须配备完善的安全防护措施，对使用者进行专业培训，设置醒目的安全警示标识与警示线。非标准或自制设备需通过安全论证，确保安全措施到位后方可使用。

2.4.2 机械作业安全

（1）机械设备整洁与接地：保持机械设备清洁整齐，严禁放置杂物。设备应可靠接地。实验结束后切断电源，整理场地，清理废渣废屑。

（2）个体防护要求：操作机械设备时，实验人员必须穿戴完整的个人防护装备，如工作服、帽、鞋、防护眼镜等。禁止穿戴可能引发安全风险的服饰或配饰。

（3）铸锻及热处理安全：需在宽敞、安全的场地进行铸锻及热处理实验。严格遵守操作规程，使用前做好个人防护，避免使用未经预热的工具接触高温物质，防止爆炸等事故。

（4）高处作业安全：高处作业需符合安全操作规程，作业人员应穿戴防滑鞋、安全帽、安全带等防护用品，设置防护栏杆，确保作业安全。

2.4.3 电气安全管理

（1）电气设备及线路需保持干燥，实验室内应设置专用接地系统，强电实验室内应设置安全距离、警示标识及隔离装置。禁止在易燃易爆环境中使用非防爆电气工具。

（2）配备防护器具：操作强电实验时，应穿戴绝缘手套等防护器具，并按规定对防护器具进行定期检测或更换。静电场所需保持空气湿润，工作人员须穿戴防静电装备。

2.4.4　激光安全管理

（1）设置安全屏蔽与互锁：激光实验室应配备互锁装置、防护罩等安全设施，确保激光不对人造成伤害。

（2）加强个体防护：操作人员需佩戴防护眼镜等用品，禁止直视激光束，在断电后进行设备检查。应在激光区域内设置醒目的警告标识，提醒人员注意安全。

2.4.5　粉尘防爆管理

粉尘爆炸危险场所须选用防爆型电气设备，确保整体防爆要求；除尘设施配备阻爆、隔爆、泄爆装置。进入粉尘爆炸危险场所应穿戴防静电服装、防尘口罩等；控制粉尘浓度，配备加湿装置及灭火设备，预防爆炸风险。

2.5　特种设备与常规冷热设备安全管理

2.5.1　压力容器的安全管理与人员资质

1. 压力容器的安全管理

在涉及气体或液体存储与处理的工业及科研环境中，压力容器作为关键设备，其安全性至关重要。此类设备被界定为能够承受内部压力（不低于 0.1 MPa 表压）的密闭容器，涵盖气体、液化气体及特定条件下的液体。具体而言，压力容器包括那些最高工作温度超过标准沸点、容积与尺寸满足特定标准（即容积 ≥ 30 L 且内直径 ≥ 150 mm，非圆形截面则以其最大几何尺寸为准）的固定或移动式容器，以及氧舱等。使用此类压力容器时，必须依法取得特种设备使用登记证，以确保其合法、安全地投入运行（铭牌明确标注简单压力容器设备的除外，此类设备遵循简化的管理流程）。

2. 人员资质

从事快开门式压力容器（图 2-7）、移动式压力容器的充装作业、氧舱的维护保养等关键岗位以及特种设备的安全管理工作的人员必须持有效的特种设备安全管理和作业人员证（图 2-8）。此证书不仅是上岗的必要条件，也是确保操作规范、减少事故风险的重要措施。证书持有人需定期（通常为每 4 年一次）参加复审，以更新知识、保持专业技能的时效性，从而进一步提升压力容器的安全管理水平。

图 2-7　快开门式压力容器　　　　图 2-8　特种设备安全管理和作业人员证

3. 压力容器定期检验

为确保特种设备的安全运行，应委托具备相应资质的专业单位定期进行检验，并在检验合格后，将该特种设备的定期检验合格证醒目地放置于设备易于被观察到的显著位置，以便随时查验及确保设备的合法合规使用。安全阀（图 2-9）或压力表（图 2-10）等附件须委托有资质的单位定期校验或检定（图 2-11）。

　　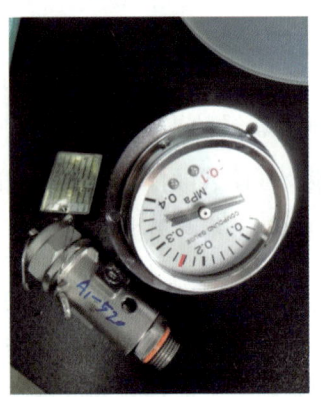

图 2-9　安全阀示例　　　　　　　图 2-10　压力表示例

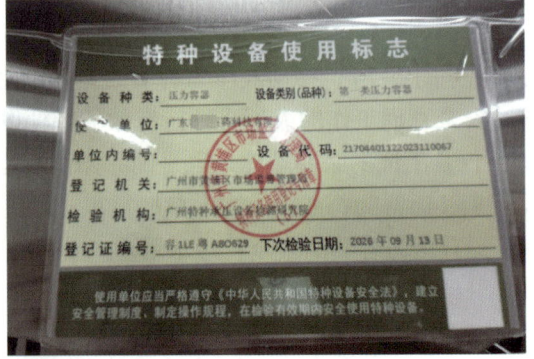

图 2-11　压力容器检验登记标志示例

4. 压力容器使用管理

构建完善的安全管理体系的首要任务是设立专门的安全管理机构，以确保安全工作的有序进行。在此基础上，精心挑选并配备安全管理负责人，负责整体安全策略的制定与监督执行；同时，配置专业的安全管理人员，负责日常安全管理工作的实施与跟进；此外，还需合理安排作业人员，确保他们在操作过程中严格遵守安全规范。

为了进一步强化安全管理，还需建立健全特种设备安全管理制度（表2-1），制定操作规程。这些制度应涵盖安全生产的各个方面，包括但不限于安全教育培训、隐患排查治理、事故应急响应等，以确保在各个环节都能有章可循、有据可依，从而全面提升安全管理水平，保障生产活动安全顺利地进行。

应针对压力容器的管理制定自主检查体系，要求定期（每月至少一次月度检查，每年至少一次年度检查）对压力容器主体、安全附件、装卸附件的安全保护装置、测量调控装置以及附属仪器仪表进行全面细致的维护保养，并留存详尽的检查记录。

对于简单压力容器，同样应建立设备安全管理的专项档案，以确保其安全状态可追溯。对于盛装可燃或爆炸性气体的压力容器，应特别注重电气设施的安全性，要求冲气设施必须采用防爆设计，且电器开关与熔断器等关键部件需设置在显眼且易于操作的位置，以便于紧急情况下的快速响应。此外，对于安置于室外的大型气罐，还需加强防雷措施，以保障设备免受雷电威胁。

表2-1 特种设备相关管理制度

序号	内　　容
1	特种设备安全管理机构（需要设置时）和相关人员岗位职责
2	特种设备经常性维护保养、定期自行检查和有关记录制度
3	特种设备使用登记、定期检验制度
4	特种设备隐患排查治理制度
5	特种设备安全管理人员与作业人员管理和培训制度
6	特种设备采购、安装、改造、修理、报废等管理制度
7	特种设备应急救援管理制度
8	特种设备事故报告和处理制度
9	高耗能特种设备节能管理制度

5. 压力容器使用年限与报废管理

压力容器在达到其设计使用年限后，应立即执行报废程序。若设计使用年限无明确界定，但容器已使用超过20年，则视为达到使用年限，同样需进行报废处理。对于超出使用年限而仍需继续使用的压力容器，必须严格遵循检验与安全评估流程，确保其安全性能符合标准后方可继续使用。

2.5.2 加热与制冷设备的安全管理

1. 危险化学品贮存冰箱的防爆要求

为确保安全，用于贮存危险化学品的冰箱必须满足防爆标准，包括使用专门的防爆冰箱或经过专业防爆改造的冰箱。同时，冰箱门上应清晰标注其防爆状态，以便识别与管理。

2. 加热与制冷设备的使用规范

各类加热与制冷设备（如冰箱、烘箱、电阻炉）的使用应严格遵守其设计寿命限制。一般而言，冰箱的使用期限控制在 10 年内，烘箱与电阻炉则为 12 年。若需超期使用，必须事先获得审批（超期设备延期使用申请表示例见表 2-2）。设备间应留有足够的空间，确保散热效果。应将加热设备置于通风干燥处，远离易燃物品及配电箱、插座等电力设施，以确保使用安全。同时，加热设备旁不得放置易燃易爆化学品、气瓶、冰箱等，以预防潜在的安全风险。

表 2-2 超期设备延期使用申请表示例

设备编号	设备名称	存放地	购入时间	已用时间（年）	承诺报废时间	目前状况

3. 加热设备（烘箱、电阻炉等）的安全操作与管理

为确保加热设备（如烘箱、电阻炉等）的安全使用，应制定详尽的安全操作规程，并在设备周边醒目位置张贴高温警示标志及安全操作规程，同时配备必要的防护措施。严禁在烘箱等加热设备内烘烤易燃易爆试剂及任何易燃物品，禁止使用塑料筐等易燃容器作为实验物品的盛放工具进行烘烤。使用完毕后，务必清理设备内部物品，切断电源，并确认设备已冷却至安全温度后方可离开。对于电阻炉等明火加热设备，使用期间必须有人值守，或在无人时采取实时监控措施，以确保实验过程的安全可控。

4. 明火电炉与电吹风的安全使用规定

在涉及化学品的实验室环境中，原则上禁止使用明火电炉，以防范潜在的安全风险。若因特殊实验需求必须使用明火电炉，必须提前制定并落实严格的安全防范措施，且明确禁止使用该设备加热易燃易爆试剂。

对于明火电炉、电吹风、电热枪等易引发火灾风险的电器设备，使用完毕后应立即拔除电源插头，以消除安全隐患。此外，严禁使用纸质、木质等易燃材料自制红外灯烘箱，以确保实验室环境的安全与稳定。

第3章 个体防护用品选择与佩戴

3.1 个体防护用品的分类

环境类实验室存在的风险有化学风险、物理风险、操作风险和环境风险。

①化学风险。某些化学品可能具有腐蚀性、毒性或易燃性，在一定条件下会释放有害物质，对实验人员造成危害。

②物理风险。设备故障、高压电击、辐射损伤等都可能对实验人员造成伤害。此外，实验室内的温度、紫外线辐射等也可能引发工作人员的热中毒症状。

③操作风险。操作失误、设备误用、不规范操作等都可能导致实验事故的发生。例如，化学反应的控制不当可引发火灾或爆炸，生物实验中的操作失误可能导致病原体泄漏。

④环境风险。实验室布局不合理、通风不良、清洁卫生不达标等都可能影响实验人员的健康和安全。例如，气溶胶的存在可能对实验人员造成危害，因此需要保持良好的通风和清洁卫生条件。

针对化学风险，我们提倡开展微型化、无害化绿色实验。设计实验方案时，应遵照"环保、节约"的原则，在满足实验目的的情况下应尽量采用无毒、无害或低毒、低害的试剂替代毒性大、危害性严重的试剂，最大限度地降低风险；针对物理风险、操作风险和环境风险，我们提倡做好本质安全，如采用不产生或产生较少有害能量的机械设备，变更工艺、材料以及作业方法，缩短作业时间，降低有害能量水平，遮蔽有害能量发生源，将实验者与有害能量发生源隔离。

某些实验环境存在着难以通过工程技术措施实现完全控制的职业健康危害，这时，个体防护用品作为安全的最后一道防线，就显得尤为重要。个体防护用品可以弥补其他安全措施的不足，能够直接对人体起到保护作用，提高工作效率和质量。个体防护用品的使用，有助于创造一个安全、健康的实验环境，进而加强和提高实验人员的积极性和效率。

可以根据所保护的人体部位或器官对个体防护用品进行分类（依据《个体防护装备配备规范》GB 39800.1—2020）。

①头部防护用品：主要用于保护头部免受伤害，包括安全帽、防护帽、防寒帽等。它们能够有效地保护头部，使其免受来自坠落物、碰撞等的伤害。

②眼面部防护用品：主要用于保护眼睛和面部，使其免受灰尘、化学品、火花等的伤害。常见的眼面部防护用品包括安全眼镜、防护眼罩、防护面罩等。

③听力防护用品：在噪声较大的环境中工作时使用，如耳塞、耳罩和防噪声帽盔

等，以降低噪声对耳朵的伤害。

④呼吸防护用品：主要用于保护呼吸器官，防止有害物质进入呼吸道。常见的呼吸防护用品包括防尘口罩、防毒口罩、防毒面具等。此外，还有过滤式和隔绝式两种类型的呼吸防护器，分别适用于隔绝有害物质浓度不同的环境。

⑤躯干防护用品：主要用于保护躯干免受物理、化学、生物等类型的伤害。常见的躯干防护用品包括实验服、防护服、防护背心、防护裤等。

⑥手部防护用品：主要包括防护手套，如绝缘手套、防酸碱手套、防切割手套等，以保护手部免受划伤、烫伤、腐蚀等伤害。

⑦足部防护用品：主要用于保护脚部免受撞击、剧烈摩擦、高温等伤害。常见的足部防护用品包括防护鞋、防滑靴、防砸鞋等。

⑧坠落防护用品：主要用于防止坠落事故的发生，包括安全带、安全绳和安全网等。

⑨护肤用品：主要用于保护外露的皮肤，如防毒、防腐、防酸碱、防射线等的相应保护剂，以及防晒霜、护肤霜等。

环境类实验室主要用到的个体防护用品有眼面部防护用品、听力防护用品、呼吸防护用品、躯干防护用品、手部防护用品和足部防护用品。

3.2 眼面部防护用品

眼睛是人类最主要的感觉器官之一，人所接收到的信息大约有80%是通过眼睛获得的。眼睛不仅能够捕捉光线，还能将光线转化为神经信号，传送到大脑进行处理，使人能够感知和理解周围的世界。眼睛的结构精细且复杂，主要由软组织和血管组成，包括角膜、晶状体、玻璃体、视网膜等重要组成部分，任何一个部分的损伤都可能影响整个视觉系统。

在环境类实验中，强酸（如硫酸、硝酸、盐酸等）、强碱（如氢氧化钠、氢氧化钾、氢氧化钙等）、粉尘、气体、利器（如金属和玻璃碎片）和高速异物等都可能会造成眼部的伤害，而眼部的损伤通常是永久性的，因此在开展实验前，识别实验室和实验中可能会对眼部造成伤害的危险源并佩戴合适的护目镜，尤为重要。

护目镜的类型可以分为防护眼镜和防护眼罩。

防护眼镜（图 3-1）分为带有侧护罩和不带侧护罩两种。防护眼镜具有防冲击的作用，但无法对化学品溅洒的情况提供有效防护。

防护眼罩（图 3-2）完全包裹眼睛，覆盖眼部周围，并且它的绑带可将防护眼罩牢牢固定在脸上。根据防护功能的不同，防护眼罩可以分为防冲击眼罩和防化学溅洒眼罩。后者对冲击和溅洒等情况都可以提供很好的防护效果，是最安全的一类护目镜。根据眼罩的通气情况，眼罩可分为直接通气眼罩、间接通气眼罩和不通气眼罩。直接通气眼罩主要用于隔绝一些会造成冲击的抛射物，而不适合用于隔绝溅洒物或者蒸气。间接通气眼罩可以阻止液体进入，对溅洒物和抛射物都有较好的隔绝效果。不通气眼罩可以很好地隔绝粉尘、烟雾和蒸气，但容易起雾，可能影响视野。此外，不通气眼罩虽对气体也有一定的隔绝效果，但并不能等同于防毒气眼罩。

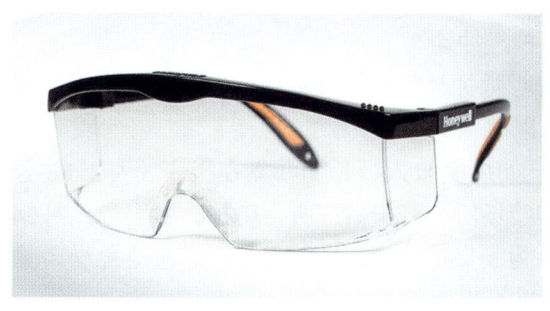
图 3-1　防护眼镜

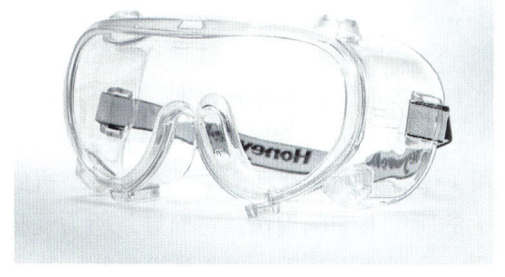
图 3-2　防护眼罩

3.3　听力防护用品

人听到声音的过程是一个复杂的生理反应过程（耳朵结构图见图 3-3），它可以分为以下几个步骤。

①外耳接收声音：外耳由耳廓和外耳道组成，它们的主要作用是将声波引入耳朵内部。声波进入耳廓时，会被反射到外耳道内，这样声波能更加集中地进入耳朵内部。

②中耳传递声音：中耳由鼓膜、听骨和鼓室组成，主要作用是将声波从外耳传递到内耳。声波进入鼓膜时，会引起鼓膜的振动。这种振动会传递到听骨上。听骨包括锤骨、砧骨和镫骨，这三块听骨形成了一个杠杆系统，将鼓膜的振动转化为更小、更强的振动，然后将这些振动传递到内耳。

③内耳感知声音：内耳由耳蜗和前庭两部分组成，主要作用是将声波转化为神经信号，然后将这些信号传递到大脑。振动传到内耳时，会引起前庭窗膜的振动。前庭窗膜的另一边是充满了液体的耳蜗管道。当前庭窗膜受到振动时，液体也开始流动。耳蜗里

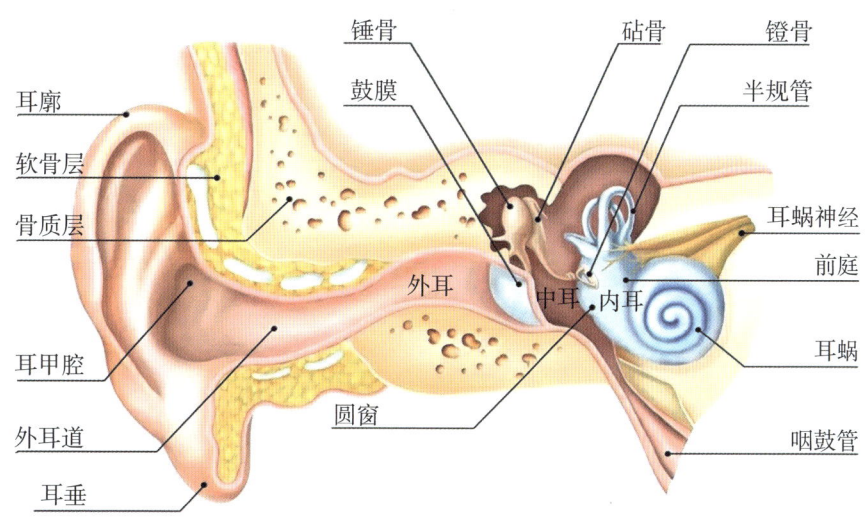
图 3-3　耳朵结构图

有数以千计的毛细胞，它们的顶部长有很细小的纤毛。在液体流动时，这些毛细胞的绒毛会随耳蜗内液体的流动而弯曲，由此产生神经冲动。

④神经传递与大脑处理：神经冲动沿着听觉神经传递到听觉中枢。在听觉中枢，神经冲动被加工、解释和识别，最终变成人可以感知的声音。

听力是人感知声音和语言的重要能力，如果实验人员长期暴露在噪声（大于80分贝）中，如处在有真空泵、空气压缩机的实验场所，且未做好听力防护，就会导致耳蜗上的听觉毛细胞损伤，进而导致听力受损。为了保护听力，实验人员应尽量避免噪声暴露、合理使用耳机、预防耳道疾病，并定期进行听力检查。

如果实验环境中的噪声无法通过工程技术措施完全控制，实验人员就必须佩戴听力防护用品。听力防护用品主要用于保护人耳免受噪声或其他有害声音的损害。这些产品可以分为两大类：耳塞和耳罩。

3.3.1 耳塞

1. 类型与材料

耳塞可以置放在耳道内，一般由树脂泡沫、橡胶或硅胶等材料制成，不同类型的耳塞见图3-4、图3-5。有些耳塞是一次性的，使用后可以丢弃，而有些可以重复使用。

2. 功能与适用场景

耳塞的主要功能是阻止声能进入耳道，从而减少噪声对听力的损害。它们适用于各种嘈杂的实验环境，如开启离心机、空气压缩机或开展噪声环境监测的实验环境等。

3. 优缺点

耳塞的优点在于便携、易于使用，且价格相对较低。然而，人的耳道大小不一，耳塞可能与某些人的耳道不匹配，导致隔音效果减弱。此外，长时间佩戴耳塞可能会令人感到不适。

子弹头形耳塞佩戴方法如图3-6所示。

图3-4　圣诞树形耳塞

图3-5　子弹头形耳塞

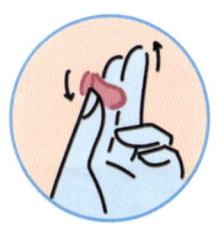 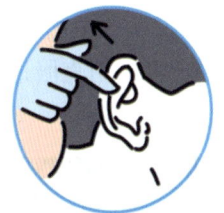 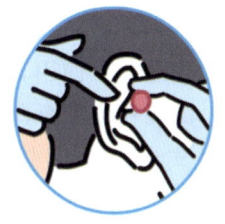 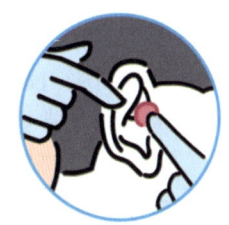

步骤一：将耳塞搓细，越细效果越好　　步骤二：另一只手绕过耳后并向外将耳廓提起，打开耳道　　步骤三：将搓细的耳塞旋进耳朵　　步骤四：用手指按住耳塞30秒左右即可

图3-6　子弹头形耳塞佩戴方法

3.3.2　耳罩

1. 类型与材料

耳罩（图3-7）由可以盖住耳朵的套子和放在人头顶上的带子组成。套子通常装有树脂泡沫、塑胶或其他吸声材料，以达到密封耳朵的效果。

2. 功能与适用场景

耳罩的主要功能是限制声音通过外耳进入耳鼓及中耳和内耳，适用于需要长时间在噪声环境下工作或学习的人，如工厂工人、学生等。

图3-7　耳罩

3. 优缺点

耳罩的优点在于其隔音效果较好，且一般适用于各种头型。然而，它们相对较大，不太适合在运动时使用。同时，耳罩的价格通常比耳塞高。

3.4　呼吸防护用品

实验人员在实验过程中经常会接触到各种化学试剂，有些化学试剂在操作过程中可能会产生有毒有害的蒸气或气体。呼吸防护用品，如防尘口罩和防毒面具，能够有效过滤或隔绝有害物质，保护实验人员的呼吸系统免受损害。

呼吸防护用品按照空气来源可分为过滤式和隔绝式呼吸防护用品。

3.4.1　过滤式呼吸防护用品

过滤式呼吸防护用品通过滤料净化气体中的有毒有害物质，使佩戴者吸入较清洁的空气。但需要注意的是，它们不能用于缺氧环境。过滤式呼吸防护用品又可以分为自吸过滤式和送风过滤式两种。

1. 自吸过滤式

使用自吸过滤式防护用品时，使用者的自主呼吸作用克服过滤元件阻力，吸气时面罩内为负压。常见的防尘口罩和防毒面具多属此类。

（1）防尘口罩中头戴式含活性炭过滤层KN95防尘口罩（见图3-8）也是实验人员最为常用的呼吸防护用品。口罩中的活性炭过滤层能够有效过滤实验期间有机蒸气异味，而且头戴式口罩戴起来比较舒适，适合长期佩戴。

（2）防毒面具一般分为半面罩和全面罩，一般在危化品泄漏应急处置时使用。两者在设计和功能上存在明显的区别。以下是两者的主要差异。

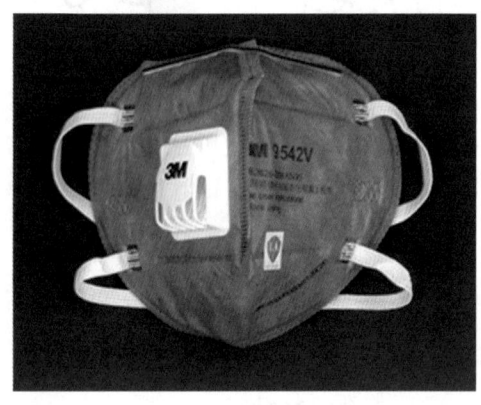

图3-8　头戴式含活性炭过滤层KN95防尘口罩

①防护范围。

半面罩防毒面具主要为佩戴者的呼吸器官提供防护，能够覆盖口鼻部分，对进入呼吸道的空气进行过滤。它通常与滤毒盒搭配使用，以过滤有毒气体和粉尘等颗粒物。

全面罩防毒面具则提供了更为全面的保护，它不仅能防护呼吸器官，还能对整个面部（包括眼睛、脸部皮肤等）进行保护。全面罩防毒面具通常用于更为恶劣或有更高防护要求的环境，如存在对皮肤有刺激性的液体、毒气等的场合。对于佩戴眼镜的实验人员，全面罩防毒面具不太友好，需专门定制置于全面罩内部的面具的眼镜架以方便佩戴眼镜的人员使用。

②结构与设计。

半面罩防毒面具结构相对简单，主要由面罩本体和滤毒盒组成，部分型号可能还包括滤棉等部件。半面罩一般采用硅胶等柔软舒适的材质，重量轻且不易引起过敏。其设计依据人机工程学，以确保良好的气密性和佩戴舒适性（半面罩防毒面具及其正确佩戴方法见图3-9）。

全面罩防毒面具的内部结构更为复杂，包括口鼻罩、呼吸阀、传音器、面屏等多个部件。口鼻罩用于减少面罩内的有害空间，呼吸阀用于排气，传音器则方便佩戴者与他人沟通。面罩采用高透光度材料制造，以提供良好的视野并保护面部免受伤害（全面罩防毒面具及其正确佩戴方法见图3-10）。

③应用场景。

半面罩防毒面具因其轻便、视野开阔等特点，适用于一般的有毒、有害的作业环境，如化工作业、仓储、科研实验等环境。此外，在日常生活中的喷漆、喷涂农药等场合，半面罩防毒面具也是常见的选择。

全面罩防毒面具则广泛应用于石油、化工、采矿、冶金等高风险行业的作业，以及军事、消防、抢险救灾等特殊场合。在这些环境中，全面罩防毒面具能够提供更为完善的保护，确保佩戴者的安全。

步骤一：用面罩罩住口鼻，抬起上方头带，将头带置于头部位置。

步骤二：用双手将颈后卡扣扣住。

步骤三：调整头带松紧度，使口罩与面部密闭良好，依次调整上方头带和颈后头带。

图 3-9　半面罩防毒面具及其正确佩戴方法

步骤一：一只手把前额头发往后按住，另一只手拿住面具朝向自己的脸。

步骤二：把面具戴到脸上，并把头带拉到脑后。

步骤三：在下方两个节点处拉紧头带。

步骤四：在上方两个节点处拉紧头带。

图 3-10　全面罩防毒面具及其正确佩戴方法

2. 送风过滤式

这种防护用具靠机械力或电力克服阻力，将过滤后的空气送到头面罩内供呼吸，送风量通常会大于呼吸量，吸气过程中面罩内可维持正压。

3.4.2　隔绝式呼吸器

这类呼吸器能为佩戴者提供一个独立于作业环境的呼吸气源，即呼吸的空气完全来自污染环境之外。根据供气方式的不同,隔绝式呼吸器可以分为携气式和供气式两种。

①携气式:呼吸的空气来自使用者携带的空气瓶,高压空气经降压后输送到全面罩内供呼吸。常见的自给闭路式压缩氧(空)气呼吸器就属于这一类。

②供气式:依靠空气导管,将外界的洁净空气输送给使用者。它又分为负压式(或自吸式)和正压式两种。长管呼吸器就是通过长管将有害作业场所外的洁净空气输送给劳动者的典型代表。

3.5 躯干防护用品

实验室中常用的躯干防护用品主要是普通实验服和化学防护服。

普通实验服(俗称"白大褂",图3-11),一般由100%的棉或棉涤混纺制成,适用于一般实验室环境。白色实验服最为常见是因为白色不耐脏,可以引起实验者的注意。但需要注意的是,棉质实验服的防护性能相对较弱,不耐酸腐蚀,也不防飞溅。

化学防护服(图3-12)主要用于防止有害化学物质的侵蚀,避免污染。这类防护服通常是使用特殊的材质制成的,能够抵御各种化学品,包括酸、碱、有机溶剂等,主要用于危化品泄漏的应急处置及应急演练教学。

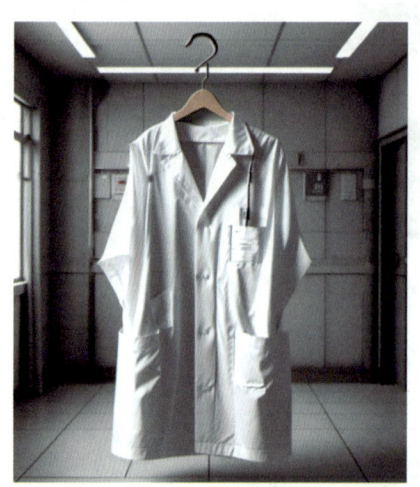

图3-11 普通实验服

图3-12 化学防护服

3.6 手部防护用品

实验人员在开展环境类实验时会接触各类危险化学品,并进行一些危险化学操作,其中身体部位中手部最常接触危险化学品,往往最容易受到伤害。因此,在实验中正确选择和佩戴防护手套,能够有效阻止来自危化品的直接伤害,保护手部安全。

防护手套根据其材质可以分为乳胶手套、聚氯乙烯手套、丁腈橡胶手套、氯丁橡胶手套、丁基橡胶手套和复合膜手套。

3.6.1 乳胶手套

乳胶手套如图3-13所示。

①材质特点：由天然橡胶制成，通常没有衬里，款式多样。使用时需注意手部可能对乳胶过敏，且手套破损时不易察觉。

②防护性能：对低浓度的酸类、碱类、醛类及酮类等多种化学物质的水溶液有较好的防护性能，对非极性溶剂（如正戊烷、正己烷、异辛烷、苯、甲苯、二甲苯等）、浓硫酸和浓硝酸不具备防护性能。

3.6.2 聚氯乙烯手套

聚氯乙烯手套如图3-14所示。

①材质特点：由聚氯乙烯制成，不含过敏原，发尘量低，离子含量少。

②防护性能：防化学腐蚀能力强，几乎可以隔绝所有的危险化学品，并具有防静电性能。但需注意的是，接触有机溶剂会加速聚氯乙烯手套中增塑剂的流失，导致其防护性能下降。在长期使用的情况下，手套会逐渐变硬，渗透时间缩短，防护性能减弱。

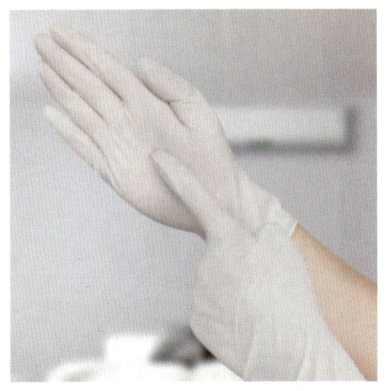

图3-13 乳胶手套

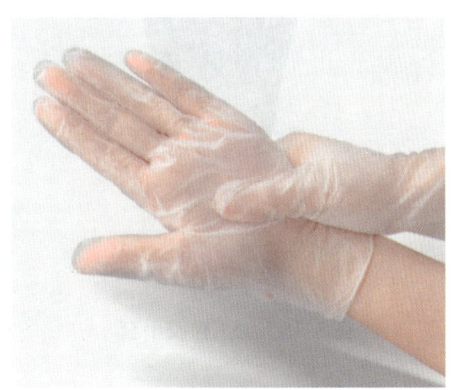

图3-14 聚氯乙烯手套

3.6.3 丁腈橡胶手套

丁腈橡胶手套如图3-15所示。

①材质特点：由丁腈橡胶制成，通常分为一次性手套、中型无衬手套及轻型有衬手套。

②防护性能：能隔绝油脂，耐磨性较高，耐热性较好；不含蛋白过敏原，对人体皮肤的过敏刺激反应最低，适用于乳胶过敏者。丁腈橡胶手套适用于隔绝常规酸、碱类防护，对油脂、毒性及腐蚀性物质也具有较好的防护性能。手套破损很容

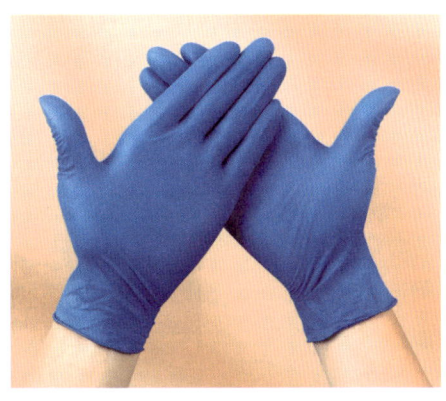

图3-15 丁腈橡胶手套

易察觉，是实验室中应用最为广泛的化学防护手套。局限性体现在阻燃性差，对含有碳氧双键的有机酮类、强氧化性酸和含氮有机物的防护性能差。在使用二甲基甲酰胺、丙酮、丁酮、四氢呋喃、三氯甲烷、二氯乙烷、氯苯、苯酚、苯甲醛、乙酸乙酯等化学品时，不建议使用丁腈橡胶手套。

3.6.4　氯丁橡胶手套

氯丁橡胶手套如图3-16所示。其材质与天然橡胶相似，耐光照、耐老化、耐油及耐高温。

3.6.5　丁基橡胶手套

丁基橡胶手套如图3-17所示。其主要用于手套箱、厌氧箱等特定操作箱的作业，对多种强酸、强碱及有机溶剂有超强耐久性。

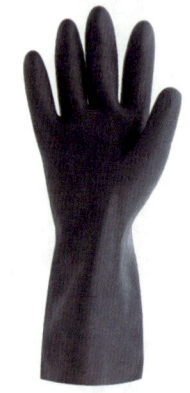
图3-16　氯丁橡胶手套

图3-17　丁基橡胶手套

3.6.6　复合膜手套

复合膜手套是通过采用特殊的黏合或热压工艺将多层具有不同功能的薄膜材料（如聚乙烯（PE）、聚氯乙烯（PVC）、丁腈橡胶（NBR）或其他高分子材料）复合而成的。这种手套具有较好的耐用性和综合防护性能，如防滑性能，常用于工业、医疗和日常生活中的多种场景。复合膜手套如图3-18所示。

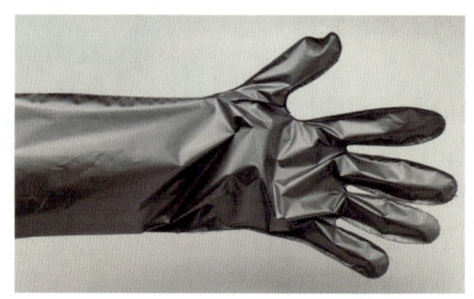
图3-18　复合膜手套

防护手套穿戴方法见图3-19。

步骤一：穿戴前先修剪指甲，使手套贴合手指

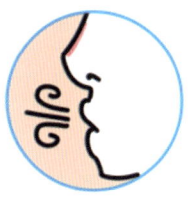
步骤二：穿戴前先吹气，确认手套无破损

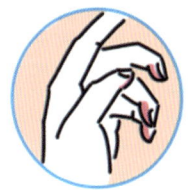
步骤三：穿戴时用手指指腹，避免划破手套

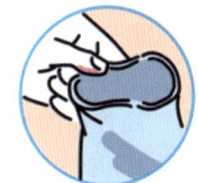
步骤四：穿戴时先套好手指部位，再套好手掌部位

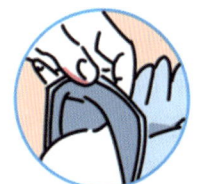
步骤五：脱手套时，将手腕处的手套翻起，向手指处脱卸

图3-19　防护手套穿戴方法

3.7　足部防护用品

实验室环境中的各种化学、物理和生物危险因子，如腐蚀性化学品、尖锐物品、重物、高温或低温物体等，都可能对足部造成伤害。穿着合适的防护鞋能有效地减少这些潜在危险对足部的威胁。另外，有些实验室需要保持极高的清洁度，以避免实验结果受到外部因素的干扰。穿着专用鞋或鞋套可以防止外部污染物被带入实验室，从而维持实验环境的洁净。

在实验室中，应穿着结实密封、不露脚趾和脚跟的鞋，以防溢出物、溅出物和掉落的设备对双脚造成伤害。严禁在实验室穿凉鞋、拖鞋、高跟鞋、露趾鞋和机织织物鞋面的鞋，以确保足部的安全。南方天气炎热且多雨，学生穿凉鞋、拖鞋的现象比较普遍，尤其要加强安全教育与管理。

进入实验室时，建议穿着防渗的皮制或合成材料制成的鞋类或具有防水防滑功能的一次性或橡胶靴子，这些鞋类能提供更好的防护。

特别地，在存在物理、化学和生物危险因子的情况下，可穿鞋套或靴套，以避免足部受到损伤、污染以及化学用品的腐蚀。这些鞋套和靴套不得穿离实验室区域，以避免交叉污染。

在穿鞋套时，应遵循正确的流程。首先，将鞋套展开；然后，撑开鞋套的收紧口，将鞋子踩进鞋套内；最后，将收紧口拉紧至脚踝处，以确保鞋套的紧密贴合。

第4章 环境类实验室消防安全

近年在高校实验室发生的有人员伤亡的事故大多与爆炸有关，例如，2018年12月26日，北京交通大学东校区2号楼环境工程实验室发生爆炸事故，造成3名参与实验的学生死亡；2021年3月31日，中国科学院化学研究所实验室发生爆炸事故，导致1名研究生当场死亡；2021年10月24日，南京航空航天大学材料科学与技术学院材料化学实验室发生爆燃，共造成2死9伤。这些事故提醒人们，高校实验室消防安全不容忽视。只有持续加强实验室消防安全管理，提高师生的安全意识和操作技能，才能确保实验室安全稳定运行。同时，对于实验过程中可能出现的危险情况，应制定应急预案并定期进行演练，以便在紧急情况下能够迅速、有效地应对。

4.1 燃烧和爆炸的基础知识

4.1.1 燃烧的基础知识

1. 燃烧的定义

燃烧是一种发光、发热的化学反应。在这个过程中，可燃物（如木材、煤炭、天然气、汽油等）与助燃物（主要是氧气）发生反应，释放出大量的能量，并以光和热的形式表现出来。这种反应过程极其复杂，涉及游离基的链锁反应是燃烧反应的实质。可燃物必须达到一定的温度和浓度，并具有足够的起始能量，才能产生足够快的反应速度而着火。

2. 燃烧三要素

物质燃烧必须同时具备三个要素：可燃物、助燃物和点火源。

①可燃物：能与空气中氧或其他氧化剂发生剧烈反应的物质，如木材、纸张、金属镁、金属钠、汽油、酒精、氢气、乙炔和液化石油等。

②助燃物：能帮助和支持燃烧的物质，如氧化氯酸钾、高锰酸钾、过氧化钠等氧化剂。因为空气中的氧气含量大约为21%，所以可燃物质的燃烧能够在空气中持续进行。

③点火源：能引起可燃物质燃烧的热能源，如明火、电火花、聚焦的日光、高温灼热体以及化学能和机械冲击能等。

燃烧的充分条件如下：一定浓度的可燃物；一定比例的助燃物；一定能量的点火源；可燃物、助燃物、点火源三者要相互作用。

了解物质燃烧的充分条件，就可以理解防火原理及措施。避免燃烧的三要素相互作用,是防火技术的基本要求。

3. 燃烧的类型

按燃烧时可燃物的状态,燃烧可分为气相燃烧、液相燃烧和固相燃烧。

根据燃烧方式的不同,燃烧可分为扩散燃烧(石油喷井)、预混燃烧(如氢氧发生器的燃烧)、蒸发燃烧(如硫、沥青、石蜡、高分子材料、萘和樟脑等的燃烧)、分解燃烧(如天然高分子材料中的木材、纸张、棉、麻、毛以及合成高分子纤维等的燃烧)和表面燃烧(如木炭、焦炭的燃烧,无火焰但有光)。

4.1.2 爆炸的基础知识

1. 爆炸的定义

爆炸是物质发生急剧的物理、化学变化,在瞬间释放大量能量并伴有巨大声响的现象。

2. 爆炸的类型

按爆炸性质分,爆炸可分为化学爆炸和物理爆炸;按爆炸传播速度分,爆炸可分为轻爆(传播速度为每秒数十厘米至数米)、爆炸(传播速度为每秒十几米至数百米)、爆轰(即爆震,传播速度为1000~10 000米/秒)。

(1)化学爆炸。

化学爆炸是消防工作中需要重点防范的爆炸类型,化学爆炸又可分为以下几种。

①分解爆炸。在没有氧和空气的情况下,有些爆炸物仍能发生很激烈的分解爆炸,这是因为它们的分解反应为放热反应。分解爆炸不一定伴随燃烧,如叠氮铅、碳化银、碘化氮等受到振动即会引起爆炸。乙炔气体分解时产生相当多的热量,若乙炔气体被压缩到 0.2 MPa 以上,遇到火星,很容易发生分解爆炸;若气体压力在 1.5 MPa 以上,只需很少能量,甚至无需能量也会发生爆炸。为了在高压下保持稳定,乙炔必须溶解在丙酮中。

②可燃气体、蒸气、粉尘与空气混合所形成的混合物爆炸:这种爆炸的危险性低一些,但却极普遍,造成的危害性也较大。这类物质的爆炸需要一定的条件,如爆炸物含量、爆炸物预先混合、激发能源。

(2)物理爆炸。

物理爆炸通常指由于受热、碰撞等因素,锅炉、压力容器或气瓶内的物质气体压力急剧升高,超过设备所能承受的机械强度而引发的爆炸。

3. 爆炸的极限

可燃气体、可燃蒸气、可燃粉尘与空气组成的混合物,遇到点火源时会发生燃烧爆炸。混合物并非在任何混合比例下都会发生爆炸,而是各组分的浓度要在固定范围内。当浓度低于某一最低浓度或高于某一最高浓度时,火焰便不能蔓延,燃烧也就不能进行。使火焰蔓延的最低浓度和最高浓度分别称为该气体、蒸气或粉尘的爆炸下限和爆炸上限。爆炸下限和上限统称爆炸极限或燃烧极限。爆炸下限和上限之间的浓度称为爆炸范围。浓度在爆炸范围以外的可燃物不着火,更不会爆炸。

浓度为爆炸极限以上的易燃气体或粉尘称为极度危险的物质。

可燃气体或蒸气的爆炸极限，通常以其在混合物中的百分比表示；可燃粉尘的爆炸极限，以其在混合物中的体积重量比（g/m^3）表示。例如，乙炔在空气中的爆炸范围为 2.5%～81%，铝粉的爆炸下限为 35 g/m^3。

常见气体与空气混合物的爆炸范围如下：甲烷 5.0%～15.0%；苯 1.2%～8.0%；氢 4.0%～75.6%；乙醚 1.85%～40%；城市煤气 4.0%～30%。

4. 爆炸危险并评估

评估可燃气体、可燃蒸气的危险度用以下公式：

$$H = (X_2 - X_1)/X_1$$

其中：H——危险度；X_2——爆炸上限；X_1——爆炸下限。

4.2 火灾的特点和分类

4.2.1 火灾的定义

凡在时间或空间上失去控制的燃烧所造成的灾害，都为火灾。

4.2.2 火灾的特点

1. 燃烧猛烈，蔓延迅速

火灾发生时，火势蔓延迅速且火焰温度高，可以在短时间内迅速扩大范围，造成更大的破坏。

2. 破坏性大

火灾不仅烧毁物质财富，造成经济损失，还可能破坏生态平衡，造成环境污染，甚至威胁人类生命和健康。火灾的破坏性与其发生的时间、地点、环境条件以及可燃物的性质、数量等有关。

3. 难以控制

火灾一旦发生，往往难以迅速控制。火势的蔓延速度、火场环境的变化以及消防力量的到达时间等因素都会影响火灾的控制难度。

4. 易造成人员伤亡

火灾发生时，会产生大量的热、烟和有毒气体，对人体造成严重的伤害。同时，火灾还可能引起建筑物的倒塌、爆炸等二次灾害，进一步增加人员伤亡的风险。

4.2.3 火灾的分类

根据《火灾分类》（GB/T 4968—2008），火灾可分为以下几类：

①A类火灾：普通固体可燃物的火灾，如塑料离心管、塑料量筒、塑料量杯、塑料培养皿、纸等；
②B类火灾：可燃液体火灾，如甲醇、乙醇、乙醚、丙酮等；
③C类火灾：可燃气体火灾，如乙炔、丙烷、氢气等；
④D类火灾：可燃金属火灾，如钾、钠、镁、铝、锂、铝镁合金等；
⑤E类火灾：带电火灾；
⑥F类火灾：烹饪器具内的烹饪物火灾，该类火灾基本不会出现在环境类实验中。

4.3 火灾的预防和处理

4.3.1 灭火原理和方法

1. 灭火原理

破坏已经结合在一起的三个燃烧要素中的一个或两个。

2. 方法

①冷却法：使可燃物的温度降低到燃点以下而中止燃烧。水的来源广，价格廉；热容量大，可用于冷却可燃物。直流水一般用于固体火灾的扑灭，雾状水用于可燃粉尘、纤维状物质（棉花）、谷物堆囤等固体火灾的扑灭。

特别要注意的是，直流水不能用于扑救电器火灾和浓硫酸、浓硝酸使用场所的火灾。
②隔离法：将燃烧物与附近的可燃物隔开。
③窒息法：阻止助燃物进入燃烧区。
④化学抑制法：使灭火剂参与燃烧过程，中断燃烧的连锁反应。

4.3.2 防火防爆措施

防火防爆措施可分为以下几类。
①预防性措施：使可燃物、氧化剂与点火（起爆）源相分离，没有相互作用的机会，从而杜绝发火引爆的可能性。这是根本性的重要的措施。
②限制性措施：安装阻火、泄压设备，设置防火墙等。
③消防措施：尽可能在着火初期就将火扑灭。
④疏散性措施：火灾发生时迅速将人员或重要物资撤到安全区，以减少损失。
一切防火措施都是为了防止燃烧三要素结合在一起，设法消除或控制其中一个要素，主要控制着火源和可燃物。

1. 控制着火源

着火源控制指控制明火、控制摩擦撞击、控制炽热物以及消除静电、防电气火灾、防雷电火花。

（1）控制明火。

明火包括实验过程中的加热用火（燃烧室加热用火、加热炉加热用火）、维修用火、其他火源（照明等）。

（2）控制摩擦撞击。

控制摩擦撞击有以下方法：

实验机器轴承转动部分应润滑良好，轴瓦用有色金属制成；

通风机的风翼用铜或铝制造；

粉碎机应安装磁铁分离器，用于研磨易分解起火的物质，并充入惰性气体；

在倾倒或抽取可燃液体时，用不产生火花的材料将设备上可能受撞击的部位覆盖起来；

搬运盛有可燃气体、液体的金属容器时，不要抛掷、拖拉、振动；

凡是发生撞击、摩擦的两部分都应采用不同的金属制成（铜与钢、铝与钢等）；

禁止在防爆实验室内穿带钉的鞋，实验室地面铺设不易产生火花的软质材料。

（3）控制炽热物。

其具体做法为防止可燃物落到加热装置、高温物料输送管线及机泵上。

2. 控制可燃物

可燃物控制指重点控制可燃气体、蒸气、粉尘。

（1）惰性气体稀释保护：对大多数可燃气体而言，用惰性气体把氧气比重降至10%以下，就可以破坏燃烧的条件。

（2）密闭和通风：密闭做法包括调节设备为负压或正压；通风做法则分为局部通风和全面通风。

3. 工艺参数的安全控制

（1）温度控制。其主要措施为控制有效移走反应热，避免选择能与反应物料作用的物质作为传热介质，以及防止搅拌中断。

（2）压力控制。其主要措施是通过合理设计和管理系统内的压力，避免因压力过高或过低导致的危险情况。

（3）进料控制。其主要措施为控制进料速度、进料配比和进料顺序。

（4）加装安全装置。安全装置的主要作用为使装置处于正常备用状态。

①火灾自动报警装置及其自动控制功能。

火灾自动报警装置包括感温报警器、感光报警器、感烟报警器、可燃气体报警器。

感烟报警器（图4-1）是通过检测烟雾浓度触发报警的装置。当烟雾进入报警器内部，并达到一定的浓度时，报警器会发出声光报警信号，提醒人们注意火灾的发生。其工作原理主要基于光学散射原理或离子式原理，通过检测烟雾颗粒对光线或电离空气的影响触发报警。

联网式感烟报警器可以与其他消防设备或中控室进行联网，实现远程监控和报警。建议实验室中的每个独立隔间都配备一个联网式感烟报警器，并与其他消防设备和中控室进行联网。如节假日或者夜间无人实验期间发生冒烟，保安人员可以接收中控室的消防报警,并在火灾初期进行及时处置。

可燃气体报警器(甲烷可燃气体报警器见图4-2)可对空气中的可燃气体进行检测,如甲烷、氢气、乙炔等。其原理为报警器传感器将检测到的气体浓度转换成电信号,通过线缆传输到控制器,气体浓度越高,电信号越强,当气体浓度达到或超过控制器设置的阈值时,报警器便发出报警信号,并可启动电磁阀、排气扇等外联设备,自动排除隐患。有可燃气体的实验室必须加装可燃气体报警器。

图4-1 感烟报警器

图4-2 甲烷可燃气体报警器

②防火防爆安全保险装置。

阻火装置包括安全液封(图4-3)、水封井(图4-4)、阻火器(图4-5)、单向阀(图4-6)。

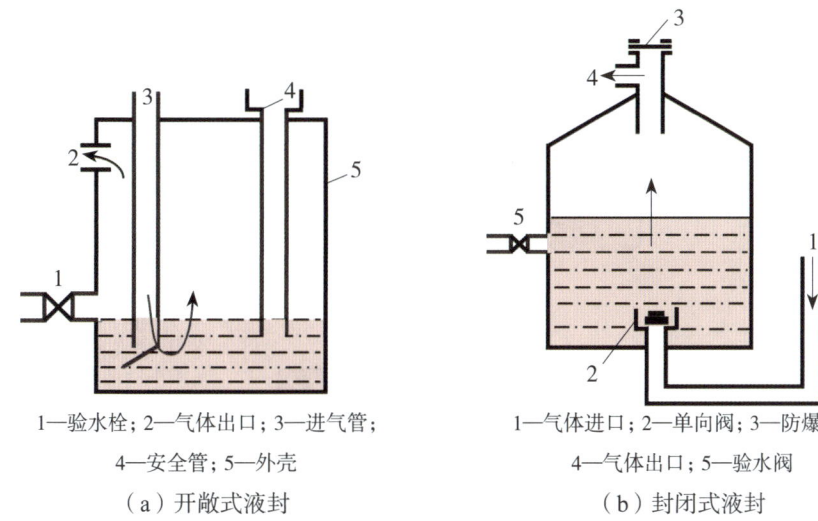

1—验水栓;2—气体出口;3—进气管;
4—安全管;5—外壳

(a)开敞式液封

1—气体进口;2—单向阀;3—防爆膜;
4—气体出口;5—验水阀

(b)封闭式液封

图4-3 安全液封示意图

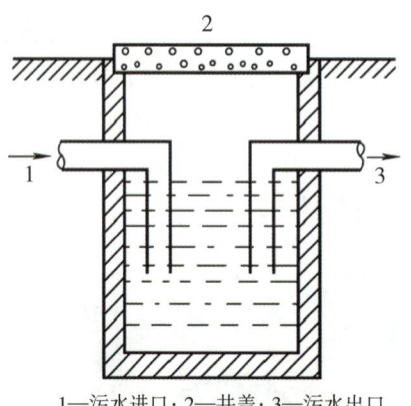 

1—污水进口；2—井盖；3—污水出口

图4-4 水封井示意图及示例图

图4-5 阻火器示例图

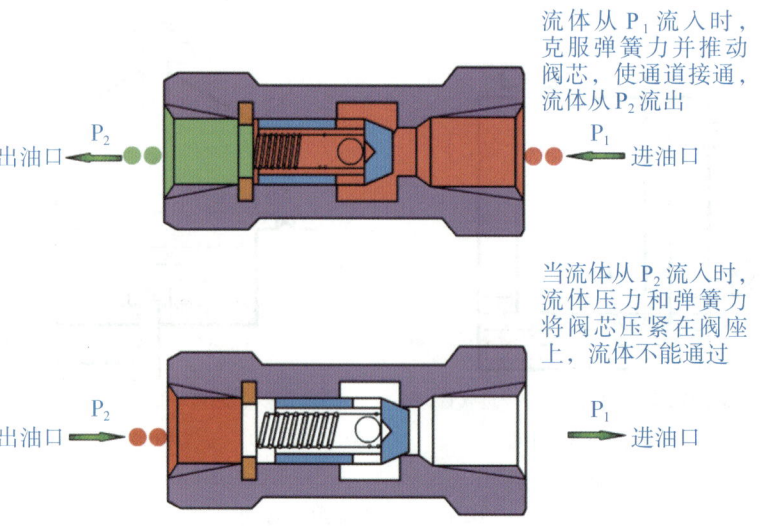

图4-6 单向阀示意图

(2)火星熄灭器(图4-7)。

火星熄灭器是一种可捕捉和熄灭火星的装置,主要用于防止火星进入易燃、易爆区域或设备中,从而避免火灾或爆炸事故的发生。

图4-7 火星熄灭器示例图

(3)防爆泄压装置。

防爆泄压装置是用于预防和控制爆炸风险的安全设备。它可在压力超过安全限度时释放压力,或者在爆炸发生时释放能量,从而保护设备和人员的安全。此类装置包括安全阀(图4-8)、放空管(图4-9)、防爆片(图4-10)和防爆门(图4-11)等。

图4-8 安全阀示例图　　　　图4-9 放空管示例图

图4-10　防爆片示例图

图4-11　防爆门示例图

4.3.3　实验室中常见的灭火消防器材

①干粉灭火器（图4-12）。

原理：利用二氧化碳或氮气作为动力将干粉灭火剂喷出，从而灭火。

适用范围：碳酸氢钠干粉灭火器适用于易燃、可燃液体、气体及电器设备的初期火灾；磷酸铵盐干粉灭火器除可用于上述情况外，还可扑救固体类物质的初期火灾。

使用方法：检查灭火器压力表指针是否在绿色正常范围，提起灭火器，拔出灭火器的保险销，将喷嘴对准燃烧最猛烈处，压下压把持续将干粉灭火剂喷出灭火。

②二氧化碳灭火器（图4-13）。

原理：干冰受热后分解为二氧化碳，可隔离氧气，同时干冰可吸收火源的热量，从而起到灭火作用。

适用范围：二氧化碳灭火器适用于扑救600 V以下的带电电器、贵重物品、设备、图书资料、仪表仪器等的初期火灾，以及一般可燃液体的火灾。

使用方法：拔出灭火器的保险销，把喇叭筒往上扳70°～90°，一手托住灭火器筒底部，另一只手握住启动阀的压把，对准目标，压下压把。

③消防沙（消防沙箱见图4-14）。

灭火原理：利用干燥细黄砂隔绝空气和降低温度。

适用范围：主要用于扑救不能用水灭火的D类金属火灾及油类火灾。

使用方法：将沙子少量多次倾倒直至完全覆盖着火点或使用消防铲将沙子直接覆盖在油上。

④灭火毯（图4-15）。

原理：由不燃织物编织而成，能起到隔离热源及火焰的作用。

适用范围：可用于扑灭初起的小面积火灾或逃生时披覆在身上。

使用方法：双手拉住灭火毯包装外的两条手带，向下拉出灭火毯，将灭火毯完全抖开，覆盖在火源上同时切断电源或气源。

第 4 章 环境类实验室消防安全

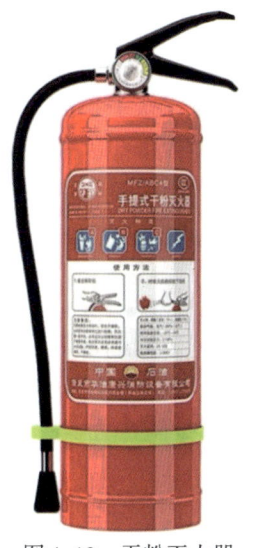

图 4-12　干粉灭火器

图 4-13　二氧化碳灭火器

图 4-14　消防沙箱

图 4-15　灭火毯

4.4　火灾逃生与自救

1. 保持冷静，迅速判断

火灾发生时，被困人员应保持冷静，不要惊慌失措，迅速判断火势的大小和蔓延方向以及自己所处的位置和安全出口的位置。

2. 及时报警，寻求帮助

发现火灾后，应立即拨打"119"火警电话报警，并说明起火地点、燃烧物性质、火势大小、有无被困人员等信息；同时，联系实验室安全员或相关负责人，报告火灾情况，并请求协助。

3. 选择正确的逃生路线

利用楼梯、消防电梯等疏散通道逃生。下楼时，应抓住扶手，以防被人群撞倒或踩伤。注意，千万不能乘坐普通电梯，因为普通电梯在火灾中可能因断电而停止工作，且电梯井可能成为烟气的通道。如果疏散通道被堵塞，可利用建筑物的阳台、窗台、屋顶等到达安全地点；还可以沿着落水管、避雷线等建筑结构中凸出物下滑逃生。

4. 采取必要的防护措施

逃生时经过充满烟雾的路线，应用湿毛巾、口罩等物品捂住口鼻，以防吸入有毒烟气。同时，尽量采取低姿势爬行，因为烟气较空气轻而飘于上部，贴近地面撤离是避免吸入烟气的最佳方法。如果条件允许，逃生时应穿戴防毒面具、阻燃隔热服等防护装备。

5. 根据具体情况采取不同措施

如果火势不大，且尚未对人造成大的威胁时，应利用周围一切可以利用的设施、物品（如灭火器、消防栓、拖把等）全力扑灭小火。

如果逃生通道被切断且短时间内无人救援时，可采取固守待援的措施。首先应关紧迎火的门窗，打开背火的门窗，用湿毛巾、湿布塞堵门缝或用水浸湿棉被蒙上门窗，然后不停地用水淋透房间，防止烟火渗入。同时，发出求救信号等待救援。

在万不得已的情况下，如果楼层不高且消防队员已准备好救生气垫时，可以选择跳楼逃生。但跳楼前应尽量往救生气垫中部跳或选择有水池、软雨篷、草地等的方向跳，以减缓冲击力。注意，处于三层以上或高层建筑时，在没有任何安全保护措施的情况下，最好不要采取跳楼的方法。

6. 其他注意事项

身处险境时，应尽快撤离，不要因顾及贵重物品而把逃生时间浪费在寻找、搬离贵重物品上。

已经逃离险境的人员切莫重返险地。

在逃生过程中应互相帮助，特别是要关照老弱病残者及妇女儿童。

特别要注意的是，直流水不能用于扑救碱金属和一些轻金属、非水溶性且密度比水小的可燃液体引发的火灾、电器火灾和使用浓硫酸、浓硝酸的场所的火灾。

第5章 环境类实验室危险化学品安全

在环境类实验中，有相当部分的化学物质具有反应性、爆燃性、毒性、腐蚀性、致畸性、致癌性等。若对危险化学品缺乏安全使用知识，在危险化学品的储存、转移、操作、废弃物处置中防护不当，则可能发生损害健康、威胁生命、破坏环境和损害财产的事故。学习、掌握危险化学品的知识对预防与危险化学品相关的实验室事故至关重要。

5.1 危险化学品的概念

5.1.1 化学品

《作业场所安全使用化学品公约》对于化学品作出了以下定义：化学品是指各种化学元素、由元素组成的化合物及其混合物，无论是天然的或人造的。根据此定义，人类生存的地球和大气层中所有有形物质包括固体、液体和气体都是化学品。

5.1.2 危险化学品

《危险化学品安全管理条例》对于危险化学品的一般定义如下：危险化学品是指具有毒害、腐蚀、爆炸、燃烧、助燃等性质，对人体、设施、环境具有危害的剧毒化学品和其他化学品。

此外，危险化学品的确认可依据《危险化学品目录》（2015版）或者《化学品分类和标签规范》分类标准（即使未明确列入目录），或通过检测或评估确认的实际危害证据。

在生产、经营、使用场所，危险化学品称为化工产品；在运输过程中，包括铁路运输、公路运输、水上运输、航空运输，危险化学品称为危险货物；在储存环节，危险化学品称为危险货物或危险物品。在《中华人民共和国安全生产法》中，危险化学品被纳入"危险物品"的范畴。

5.2 危险化学品的分类标准

涉及危险化学品分类的国际标准有两项。联合国出版的《关于危险货物运输的建议书》将危险货物分为9类，因为其封面为橙黄色，所以业界称其为"橙皮书"。《全球化学品统一分类和标签制度》（GHS）是由联合国指导各国建立统一化学品分类和标签制度的规范性文件。该制度规定了三大类28种危险化学品的鉴别指标和测定方法，已作为指标被先进工业国接受。因其封面为紫色，业界称其为"紫皮书"。

我国也有两项分类标准：《危险货物分类与品名编号》（GB 6944—2012，见附件1）和《化学品分类和危险性公示通则》（GB 13690—2009，见附件2）。

附件1

《危险货物分类与品名编号》将危险物品分为9类。

1. 爆炸品

本类化学品指在外界作用下（如受热、受压、撞击等），能发生剧烈的化学反应，瞬时产生大量的气体和热量，使周围压力急剧上升，发生爆炸。

① 具有整体爆炸危险的物质和物品，如高氯酸、叠氮化合物等；
② 具有燃烧危险和较小爆炸危险的物质和物品，如二亚硝基苯；
③ 无重大危险的爆炸物质和物品，如四唑并-1-乙酸。

2. 压缩气体和液化气体

本类化学品是指压缩、液化或加压溶解的气体，并应符合下述两种情况之一者。

临界温度低于50℃，或在50℃时，其蒸气压力大于294 kPa的压缩或液化气体。

温度在21.1℃时，气体的绝对压力大于275 kPa，或在54.4℃时，气体的绝对压力大于715 kPa的压缩气体；或在37.8℃时，雷德蒸汽力大于275 kPa的液化气体或加压溶解的气体。

① 易燃气体，如氢气、乙炔、甲烷；
② 不燃气体（包括助燃气体），如氮气、氧气；
③ 有毒气体，如氯（液化的）、氨（液化的）。

3. 易燃液体

本类化学品指易燃的液体、液体混合物或含有固体物质的液体，但不包括由于其危险特性已被列入其他类别的液体，其闪点等于或低于61℃。

① 低闪点液体：闪点低于-18℃的液体，如乙醚、丙酮；
② 中闪点液体：闪点为-18℃～23℃的液体，如苯、甲醇；
③ 高闪点液体：闪点为23℃以上的液体，如环辛烷、苯甲醚。

4. 易燃固体、自燃物品和遇湿易燃物品

易燃固体指燃点低，对热、撞击、摩擦敏感，易被外部火源点燃，燃烧迅速，并可能散发出有毒烟雾或有毒气体的固体，但不包括已被列为爆炸品的物品。

自燃物品指自燃点低，在空气中易发生氧化反应，放出热量，而自行燃烧的物品。

遇湿易燃物品指遇水或受潮时，发生剧烈化学反应，放出大量的易燃气体和热量的物品，有的不需明火，即能燃烧或爆炸。

①易燃固体，如红磷、硫磺；
②自燃物品，如黄磷、三氯化钛；
③遇湿易燃物品，如金属钠、氢化钾。

5. 氧化剂和有机过氧化物

氧化剂指处于高氧化态、具有强氧化性，易分解并放出氧和热量的物质，包括含有过氧基的无机物，其本身不一定可燃，但能导致可燃物的燃烧，与松软的粉末状可燃物能组成爆炸性混合物，对热、振动或摩擦较敏感。

有机过氧化物系指分子组成中含有过氧基的有机物，其本身易燃易爆。这类物质极易分解，对热、振动或摩擦极为敏感。

①氧化剂，如氯酸铵、高锰酸钾；
②有机过氧化物，如过氧化苯甲酰、过氧化甲乙酮。

6. 毒害品

本类化学品指进入机体后，累积达一定的量，能与体液和器官组织发生生物化学作用或生物物理学作用，扰乱或破坏机体的正常生理功能，引起某些器官和系统暂时性或持久性的病理改变，甚至危及生命的物品。经口摄取半数致死量：固体 $LD_{50} \leqslant 500$ mg/kg，液体 $LD_{50} \leqslant 2000$ mg/kg。经皮肤接触 24 h，半数致死量 $LD_{50} \leqslant 1000$ mg/kg，粉尘、烟雾及蒸气吸入半数致死量 $LC_{50} \leqslant 10$ mg/L。

这类物质如氰化物、砷化物等，对人体有剧毒。

7. 放射性物品

本类化学品指放射性比活度大于 7.4×10^4 Bq/kg 的物品，携带放射性元素，对人体和环境有长期危害。

8. 腐蚀品

本类化学品指能灼伤人体组织并对金属等物品造成损坏的固体或液体，与皮肤接触 4 h 内出现可见坏死现象；或温度在 55℃时，对 20 号钢的表面均匀年腐蚀率超过 6.25 mm/y 的固体或液体。

①酸性腐蚀品，如硫酸、硝酸、盐酸；
②碱性腐蚀品，如氢氧化钠、硫氢化钙；
③其他腐蚀品，如二氯乙醛、苯酚钠。

9. 杂项危险物质和物品

这一类别包括那些未能归于其他类别明确列出的其他危险性物质，例如某些特殊的电池、化学试剂等。

附件2

《化学品分类和危险性公示通则》(GB 13690—2009) 将危险性分为三大类28种：按物理危害分类16种，按健康危害分类10种，按环境危害分类2种。

1. 物理危害

第1类：爆炸物。

爆炸物是能通过化学反应在内部产生一定速度、一定温度与压力的气体，且对周围环境具有破坏作用的一种固体或液体物质（或其混合物）。烟火物质无论其是否产生气体都属于爆炸物，如叠氮钠、黑索金、2,4,6-三硝基甲苯（TNT）、三硝基苯酚。

①爆炸物质（或混合物）：能通过化学反应在内部产生一定速度、一定温度与压力的气体，且对周围环境具有破坏作用的一种固体或液体物质（或其混合物）。

②烟火物质（或混合物）：能发生爆轰、自供氧放热化学反应的物质或混合物，并产生热、光、声、气、烟或几种效果的组合。烟火物质无论其是否产生气体都属于爆炸物。

③爆炸品：包括一种或多种爆炸物质或其混合物的物品。

第2类：易燃气体。

易燃气体是一种在20 ℃和标准压力101.3 kPa时与空气混合有易燃范围的气体，化学不稳定气体是一种在无空气和（或）无氧气时也能极为迅速反应的易燃气体。

第3类：气溶胶。

气溶胶是指喷射罐（系任何不可重新罐装的容器，该容器由金属、玻璃或塑料制成）内装强制压缩、液化或溶解的气体（包含或不包含液体、膏剂或粉末），并配有释放装置以使内装物喷射出来，在气体中形成悬浮的固态或液态微粒，或形成泡沫、膏剂或粉末，或者以液态或气态形式出现。

第4类：氧化性气体。

氧化性气体是指通过提供氧气，比空气更能导致或促使其他物质燃烧的任何气体。

第5类：加压气体（压缩、液化、冷冻液化、溶解）。

加压气体是指20℃时压力不小于280 kPa的容器中的气体或经冷冻液化的气体。

在压力下此类气体分为压缩气体、液化气体、溶解气体、冷冻液化气体。

第6类：易燃液体。

易燃液体是指闪点不高于93℃的液体。

第7类：易燃固体。

易燃固体是指容易燃烧的或可通过摩擦引起或促进着火的固体。易燃固体可以是粉状、颗粒状或膏状物质，它们与点火源（如着火的火柴）短暂接触，容易点燃，并且火焰很快蔓延。

第8类：自反应物质和混合物。

自反应物质和混合物是指热不稳定性液体、固体物质或混合物，即使没有氧（空气），也易发生强烈放热分解反应。不包括GHS分类为爆炸品、有机过氧化物或氧化性物质的物质和混合物。

当自反应物质或混合物在实验室试验以有限条件加热时易于爆炸、快速爆燃或显现剧烈反应时，可认为其具有爆炸特性。

第9类：自燃液体。

自燃液体是指即使数量小也能在与空气接触后在五分钟内着火的液体。

第10类：自燃固体。

自燃固体是指与空气接触后五分钟内，即使少量也易着火的固体。

第11类：自热物质和混合物。

自热物质和混合物是指与空气反应时无需能源供应就能自热的固体、液体物质或混合物。与自燃液体或固体的不同之处在于该物质或混合物只在大量（几千克）和较长的时间周期（数小时或数天）的条件下才会着火。

第12类：遇水放出易燃气体的物质和混合物。

遇水放出易燃气体的物质和混合物是指与水相互反应会产生显示自燃倾向的气体，或放出危险数量的易燃气体的固体或液体物质。

第13类：氧化性液体。

氧化性液体是指通过产生氧气，可引起或促使其他物质燃烧，而其本身不一定可燃的一种液体。

第14类：氧化性固体。

氧化性固体指本身不一定可燃，但一般通过产生氧气而引起或促使其他物质燃烧的一种固体。

第15类：有机过氧化物。

有机过氧化物是指含有二价—O—O—结构和可视为过氧化氢的一个或两个氢原子已被有机基团取代的衍生物的液体或固体有机物。

有机过氧化物是可发生放热自加速分解的热不稳定物质或混合物。

其危险特性：易爆炸分解；快速燃烧；对撞击或摩擦敏感；与其他物质发生危险的反应。

第16类：金属腐蚀物。

金属腐蚀物指通过化学作用会显著损伤或甚至毁坏金属的物质或混合物。

2.健康危害

第17类：急性毒性。

急性毒性指单剂量或在24 h内多剂量口服或皮肤接触一种物质，或者吸入接触4 h后出现的有害效应。

第18类：皮肤腐蚀/刺激。

①皮肤腐蚀：对皮肤能引起不可逆性损害，即将受试物在皮肤上涂敷4 h后，可

出现可见的表皮至真皮的坏死。典型的腐蚀反应具有溃疡、出血、血痂的特征，而且在观察期14 d结束时，由于漂白而褪色的皮肤出现斑形脱毛和结痂。应考虑做组织病理学检查来评估可疑的病变。

②皮肤刺激：将受试物涂皮4 h后，对皮肤造成可逆性损害。

第19类：严重眼损伤/眼刺激。

①严重眼睛损伤：将受试物滴入眼内表面，对眼睛造成组织损害或视力下降，且在滴眼21d内不能完全恢复。

②眼睛刺激：将受试物滴入眼内表面，对眼睛产生变化，但在滴眼21 d内可完全恢复。

第20类：呼吸道或皮肤致敏。

①呼吸致敏物是指吸入后会引起呼吸道过敏反应的物质。

②皮肤致敏物是指皮肤接触后会引起过敏反应的物质。

第21类：生殖细胞致突变性。

突变是指细胞中遗传物质的数量或结构发生的永久改变。

生殖细胞突变性主要是指可引起人体生殖细胞突变并能遗传给后代的化学品。

第22类：致癌性。

致癌性是指能诱发癌症或增加癌症发病率的化学物质或化学物质的混合物。

在操作良好的动物实验研究中，诱发良性或恶性肿瘤的物质通常可认为或可疑为人类致癌物，除非有确切证据表明肿瘤的形成机制与人类无关。

第23类：生殖毒性。

①生殖毒性；

②对生殖能力的有害效应；

③对子代发育的有害效应。

第24类：特异性靶器官毒性——一次接触。

此类物质指由一次接触产生特异性的、非致死性靶器官系统毒性的物质，包括产生即时的和/或延迟的、可逆性和不可逆性功能损害的各种明显的健康效应。

第25类：特异性靶器官毒性——反复接触。

此类物质指由反复接触而引起特异性的非致死性靶器官系统毒性的物质，包括能够引起即时的和/或迟发的、可逆性的和不可逆性功能损害的各种明显的健康效应。

第26类：吸入危害。

吸入危害特指液态或固态化学品通过口腔或鼻腔直接进入或者因吞咽间接进入气管和下呼吸系统的危害。

3. 环境危险

第27类：对水生环境的急性危害。

①急性水生生物毒性：物质对短期接触它的生物体造成伤害的固有性质。

②慢性水生生物毒性：物质在与生物生命周期相关的接触期间对水生生物产生有害影响的潜在或实际的性质。

第28类：对臭氧层的危害。

臭氧消耗潜能值：某种化合物的差量排放相对于等质量的三氯氟甲烷而言，对整个臭氧层的综合扰动的比值。

5.3 危险化学品的安全标志与安全标签

5.3.1 安全标志

安全标志包括16种主安全标志和11种副安全标志。主安全标志为由表示危险特性的图案、文字说明、底色、危险品类别号（GB 6944—2012）共4个部分组成的菱形标志；副安全标志图形中没有危险品类别号。

当危险化学品具有一种以上的危险性时，用主标志表示主要危险性类别，并用副标志表示重要的其他危险性类别。

危险化学品的主安全标志如下图5-1所示。

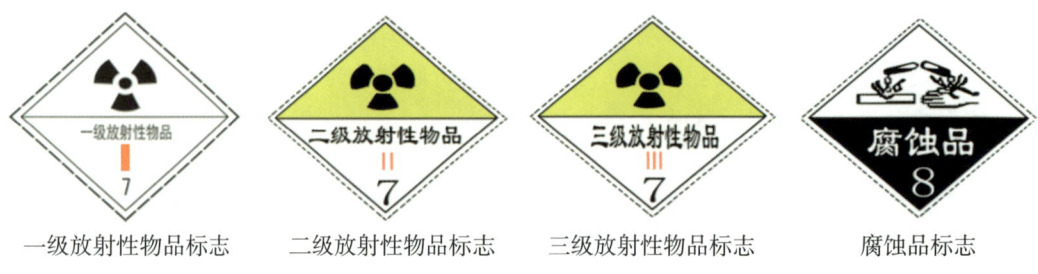

| 一级放射性物品标志 | 二级放射性物品标志 | 三级放射性物品标志 | 腐蚀品标志 |

图 5-1　危险化学品的主安全标志

5.3.2　危险化学品安全标签

1. 含义

危险化学品安全标签是指危险化学品在市场流通时由生产销售单位提供的附在化学品包装上的标签，是向作业工人传递安全信息的一种载体。它用简单、明了、易于理解的文字、图形表述有关化学品的危险特性及其安全处置注意事项，以警示作业人员进行安全操作和处置。

2. 安全标签的使用

标签应粘贴、挂拴、喷印在化学品包装或容器的明显位置；当与运输标志组合使用时，运输标志可以放在安全标签的另一版，也可放在包装上靠近安全标签的位置。

所有化学品包装物必须贴有清晰、完整的符合规范的化学品标签。在化学品转移或分装过程中，新包装物需重新粘贴标识，以确保标签信息的连续性。对于标签脱落、模糊或腐蚀的情况，必须立即将标签补全，若无法确认化学品性质，则按不明废弃化学品处理。

3. 安全标签有关方的责任

（1）生产企业的责任。

出口的化学品的标签按进口国有关要求执行。对于装有危险化学品的组合容器，若外包装上已加贴安全标签，内包装作为外包装的衬里，则内包装可免加标签；若外包装为透明物，透过外包装可清楚地看见内包装的安全标签，则外包装可免加标签。

（2）使用单位的责任。

使用的危险化学品应有安全标签，使用时应对包装上的安全标签进行核对，若安全标签脱落或损坏，经确认后应立即补贴；

转移或分装所购进的化学品时，转移或分装后的容器应贴安全标签；

使用危险化学品的作业场所应挂有作业场所安全标签；

确保员工都进行过专门的培训教育，能正确辨认安全标签的内容，并能按内容安全使用和处置危险化学品。

（3）经销、运输单位的责任。

经销单位经销的危险化学品必须具有安全标签；

进口的危险化学品必须具有符合我国标准的中文安全标签；

运输单位一律不能承运无安全标签的危险品。

5.4 危险化学品的安全技术说明书

化学品安全技术说明书（SDS）介绍了危险化学品在安全、健康和环境保护等方面的信息，提出了紧急情况下的应急处置措施，共分16个部分（附件3）。

SDS是化学品的供应商向下游用户传递化学品基本危害信息（包括运输信息、操作处置与储存和应急行动信息）的一种载体，能让用户了解化学品的相关危害，使用时能够主动进行防护，起到减少职业危害和预防化学事故的作用。

附件3

某危险化学品安全技术说明书的内容

第一部分　化学品及企业标识

主要标明化学品名称、生产企业名称、地址、邮编、电话、应急电话、传真和电子邮件地址等信息。

第二部分　危险性概述

简要概述本化学品最重要的危害和效应，主要包括紧急情况概述、危害性类别、物理和化学危害、侵入途径、健康危害、环境危害、燃爆危险等信息。如果已经根据GHS进行了危险分类，应标明GHS危险类别。

第三部分　成分/组成信息

标明该化学品是纯化学品还是混合物。

对于纯化学品，应给出其化学品名称或商品名和通用名。

对于混合物，应给出危害性组分的浓度或浓度范围。

第四部分　急救措施

指作业人员意外地受到伤害时，所需采取的现场自救或互救的简要处理方法，包括眼睛接触、皮肤接触、吸入、食入的急救措施。

皮肤接触：脱去污染的衣着，用肥皂水和清水彻底冲洗皮肤。

眼睛接触：提起眼睑，用流动清水或生理盐水冲洗至少15 min。就医。

吸入：迅速脱离现场至空气新鲜处。保持呼吸道通畅。如呼吸困难，给吸氧。如呼吸停止，立即进行人工呼吸和胸外按压。就医。

食入：饮足量温水，催吐。就医。

第五部分　消防措施

要说明化学品的物理和化学特殊危险性，说明合适的灭火方法和灭火剂，不合适的灭火方法以及消防人员个体防护等方面的信息，包括危险特性、灭火介质和方法、灭火注意事项等。

第六部分　泄漏应急处理

指化学品泄漏后现场可采用的简单有效的应急措施、注意事项和消除方法，包括应急行动、应急人员防护、环保措施、消除方法等内容。

第七部分　操作处置与储存

指化学品操作处置和安全储存方面的信息资料，包括操作处置作业中的安全注意事项、安全储存条件和注意事项。

操作处置注意事项：密闭操作，加强通风。操作人员必须经过专门培训，严格遵守操作规程。

储存注意事项：储存于阴凉、通风的库房。远离火种、热源。库温不宜超过30℃。保持容器密封。

应将化学品与氧化剂、食用化学品分开存放，切忌混储。采用防爆型照明、通风设施。禁止使用易产生火花的机械设备和工具。

第八部分　接触控制/个体防护

指在生产、操作处置、搬运和使用化学品的作业过程中，为保护作业人员免受化学品危害而采取的防护方法和手段，包括最高容许浓度、工程控制、呼吸系统防护、眼睛防护、身体防护、手防护、其他防护要求。

最高容许浓度：以国家颁布的卫生标准为依据填写，若国家尚无标准，可参考国外有关标准，用"mg/m^3"表示。

呼吸系统防护：空气中浓度超标时，佩戴自吸过滤式防毒面具（半面罩）。

眼睛防护：戴化学安全防护眼镜。

身体防护：穿防毒物渗透工作服。

手防护：戴橡胶耐油手套。

工作现场禁止吸烟、进食和饮水。工作完毕，淋浴更衣。实行就业前和定期的体检。

第九部分　理化特性

主要描述化学品的外观及理化性质等方面的信息，包括外观与性状、pH值、沸点、熔点、相对密度（水＝1）、相对蒸气密度（空气＝1）、饱和蒸气压、燃烧热、临界温度、临界压力、辛醇/水分配系数、闪点、引燃温度、爆炸极限、溶解性、主要用途和其他一些特殊理化性质。

第十部分　稳定性和反应活性

主要叙述化学品的稳定性和反应活性方面的信息，包括稳定性、禁配物、应避免接触的条件、聚合危害、分解产物。

第十一部分　毒理学资料

提供化学品的毒理学信息，包括不同接触方式的急性毒性（LD_{50}）、刺激性、致敏性、亚急性和慢性毒性、致突变性、致畸性、致癌性等。

急性毒性：LD_{50}：3306 mg/kg（大鼠经口），48 mg/kg（小鼠经皮）；LC_{50}：31900 mg/m^3，7 h（大鼠吸入）。

刺激性：家兔经眼 2 mg/24 h，重度刺激；家兔经皮 500 mg/24 h，中度刺激。

亚急性和慢性毒性：家兔吸入 10 mg/m^3 数天到几周，引起白细胞减少，淋巴细胞百分比相对增加。慢性中毒动物造血系统改变，严重者骨髓再生不良。

第十二部分　生态学资料

主要陈述化学品的环境生态影响、环境行为和归宿方面的信息，包括生物效应（如 LD_{50}、LC_{50}）、生物降解性、生物富集、环境迁移及其他有害的环境影响等。

第十三部分　废弃处置

指对被化学品污染的包装和无使用价值的化学品的安全处理方法，包括废弃处置方法和注意事项。

第十四部分　运输信息

主要是指国内、国际化学品包装、运输的要求及运输规定的分类和编号，包括危险货物编号、包装类别、包装标志、包装方法、UN编号及运输注意事项等。

运输注意事项：铁路运输时限使用钢制企业自备罐车装运，装运前需报有关部门批准。

铁路运输时应严格按照《危险货物道路运输规则》中的危险货物配装表进行配装。运输时运输车辆应配备相应品种和数量的消防器材及泄漏应急处理设备。

夏季最好早晚运输。运输时所用的槽（罐）车应有接地链，槽内可设孔隔板以减少震荡产生静电。严禁与氧化剂、食用化学品等混装混运。运输途中应防曝晒、雨淋、防高温。中途停留时应远离火种、热源。

第十五部分　法规信息

主要是化学品管理方面的法律条款和标准。

《危险化学品安全管理条例》《工作场所安全使用化学品规定》等法规针对化学危险品的安全使用、生产、储存、运输、装卸等方面均作了相应规定。

第十六部分　其他信息

主要提供其他对安全有重要意义的信息，包括参考文献、填表时间、填表部门、数据审核单位等。

5.4.1 危险化学品安全技术说明书的编写要求

生产企业应按相关规定填写危险化学品安全技术说明书；严格落实"一个品种一书"填写，同类物、同系物的安全技术说明书不能相互替代；对于混合物要填写具体的成分和含量。

不能随意删减、合并危险化学品安全技术说明书中规定的16个部分，不可随意变更顺序；对一些特殊物质，应增设相关项目，以说明其特殊性。

危险化学品安全技术说明书的文字应简洁、明了、通俗易懂。从该化学品的登记之日起，每5年应更新一次说明书，若发现新的危险特性，在有关信息发布后的半年内，编制单位必须对说明书的内容进行修订。

5.4.2 危险化学品安全技术说明书的使用要求

危险化学品安全技术说明书由化学品生产供应企业编印，在交付商品时提供给用户，作为对用户的一种服务，随商品在市场上流通。

化学品的用户在接收、使用化学品时，要认真阅读危险化学品技术说明书，了解和掌握化学品的危险性，并据此制定安全操作规程、开展人员培训等，发生事故后严格按照说明书上的应急处置指引操作。

5.5 危险化学品的储存

5.5.1 危险化学品储存区的建设与管理

危险化学品储存区的规范管理应严格遵循国家相关标准，须配备通风、隔热、避光、防盗、防爆、防静电及泄漏报警系统等安全防护措施，同时设置应急喷淋装置和安全警示标识，由专人负责日常监管。消防设施方面，根据相关的国家标准，配备灭火器、灭火毯、砂箱等器材。严禁将储存区设置于地下或半地下空间，亦不可直接置于实验楼内，特殊情况下，若危险化学品需存放于实验楼，则必须遵循实验室的高标准管理要求（参见下节"危险化学品的储存"）。此外，储存区内试剂应摆放有序，整箱试剂堆叠高度严格控制在1.5 m以内，避免安全隐患。

5.5.2 危险化学品的储存

应通过动态台账记录危险化学品的出入库情况，并配备相应的安全技术说明书（SDS）或安全周知卡，便于快速查阅。定期清理废旧试剂，避免累积。化学品储存空间应专用且布局科学，保证良好的通风与隔热条件，避免阳光直射。针对易泄漏、易挥发试剂，应设置专门的存放设备并加强通风。试剂柜内严禁设置电源插座。化学品分类有序存放，固体与液体分开，禁忌配存的化学品绝不混放（参见表5-1）。有机溶剂储存区必须远离热源与火源，试剂瓶必须密封存放，实验台架无挡板时不放置化学试剂。同时，配备完善的二次泄漏防护设施，确保实验室安全。

第5章　环境类实验室危险化学品安全

表 5-1　常用危险化学品存储禁忌配存

危险化学品的种类和名称		配存序号	1	2	3	4	5	6	7	8	9	10	11	12	13	14	15	16	17	18	19	20	21	22	23	24
爆炸品	点火器材	1																								
	起爆器材	2	●																								
	炸药及爆炸性药品(不同品名的不得在同一库内配存)	3	●	●																							
	其他爆炸品	4	●	⊙	●																						
氧化剂	亚硝酸盐、亚氯酸盐、次亚氯酸盐	5	●	●	●	●																					
	其他无机氧化剂	6	●	⊙	●	⊙	●																				
	有机氧化剂	7	●	●	●	●	●	⊙																			
压缩气体和液化气体	剧毒(液氧空钢瓶不能在同一库内配存)	8	●	●	●	●	●	⊙	⊙																		
	易燃	9	●	●	●	●	●	●	●	⊙																	
	助燃(氧及氧空钢瓶不得与油脂在同一库内配存)	10	●	●	●	●	●	⊙	●	⊙	●																
	不燃	11	●	●	●	●	●	⊙	●	⊙	⊙	⊙															
自燃物品	一级	12	●	●	●	●	●	●	●	●	●	●	⊙														
	二级	13	●	●	●	●	●	●	●	●	●	●	⊙	⊙													
遇水燃烧物品(不得与含水液体货物在同一库内配存)		14	●	●	●	●	●	●	●	●	●	●	⊙	●	●												
易燃液体		15	●	●	●	●	●	●	●	⊙	⊙	●	⊙	●	●	●											
易燃固体(H发孔剂不可与酸性腐蚀物品及有毒和易燃性危险货物配存)		16	●	●	●	●	●	⊙	●	⊙	⊙	●	⊙	●	●	●	⊙										
毒害品	剧毒品	17	●	●	●	●	●	●	●	⊙	⊙	⊙	⊙	●	●	●	⊙	⊙									
	其他毒害品	18	●	●	●	●	●	⊙	●	⊙	⊙	⊙	⊙	●	●	●	⊙	⊙	⊙								
腐蚀物品	酸性腐蚀物品	19	●	●	●	●	●	●	●	⊙	●	⊙	⊙	●	●	●	⊙	a	⊙	⊙							
	过氧化氢	20	●	●	●	●	●	●	●	●	●	⊙	⊙	●	●	●	●	●	⊙	⊙	●						
	硝酸、发烟硝酸、硫酸、发烟硫酸、氢碘酸	21	●	●	●	●	●	●	●	⊙	●	⊙	⊙	●	●	●	⊙	●	⊙	⊙	⊙	⊙					
	其他酸性腐蚀物品	22	●	●	●	●	●	⊙	●	⊙	⊙	⊙	⊙	●	●	●	⊙	⊙	⊙	⊙	⊙	⊙	⊙				
	生石灰、漂白粉	23	●	●	●	●	●	●	●	⊙	⊙	⊙	⊙	●	●	●	●	●	⊙	⊙	●	●	●	●			
碱性及其他腐蚀物品	其他(无水肼、水合肼、氨水不得与氧化剂配存)	24	●	●	●	●	●	⊙	●	⊙	⊙	⊙	⊙	●	●	●	⊙	⊙	⊙	⊙	⊙	⊙	⊙	⊙	⊙		

1. 无配存符号表示可以配存。
2. "⊙" 表示可以配存，堆放时至少间隔 2 m。
3. "●" 表示不可以配存。
4. 有注释时按注释规定办理。
5. 硝酸盐（如硝酸钠、硝酸钾、硝酸铵等）除与硝酸、发烟硝酸可以配存外，其他情况均不得配存。
6. 无机氧化剂不得与松软的粉状可燃物（如煤粉、焦粉、炭墨、糖、淀粉、锯末等）配存。

5.5.3　危险化学品的限量存放

实验室内存放的危险化学品总量应严格遵循相关规定，非压缩气体及液化气体类危险化学品原则上不超过 100 L 或 100 kg，其中易燃易爆类化学品的总量进一步限制在 50 L 或 50 kg 以内，且单件包装容器的容量上限为 20 L 或 20 kg。存放量的设定基于实验室面积比例（以 50 m² 为标准）。

5.5.4　管制类危险化学品的存储

（1）剧毒化学品：实施严格的"五双"（即双人验收、双人保管、双人发货、双把锁、双本账）管理制度，单独存放于符合技防要求的区域，严禁与易燃、易爆、腐蚀性物品混放。专人管理，记录详尽，防盗措施达标。

（2）易制毒化学品：设立专用存储区或专柜，并采取防盗措施。第一类易制毒化学品实行双人双锁管理，账册保存期限明确。

（3）易制爆化学品：限量存储，双人双锁管理，存储场所安全级别符合要求，台账清晰。

（4）麻醉药品与第一类精神药品：专库或专柜储存，配备防盗及报警装置，双人双锁管理，专用账册保存期应当自药品有效期期满之日起不少于 5 年。

（5）爆炸品：单独隔离、限量存储，使用与销毁遵循公安部门相关要求，收发登记应详细。

5.6　危险化学品的购置

危险化学品采购过程应严谨，必须向持有合法生产经营许可的单位采购，采购前需核实供应商的相关资质证书。对于进口危险化学品，还需按照国家规定向安全生产监督管理部门进行登记。在剧毒化学品、易制爆化学品、易制毒化学品及爆炸品的购买上，实施严格的审批制度，经学校及公安部门双重批准或备案后方可采购，全程保留完整的报批及审批记录。同时，严禁私自获取或提供管制类化学品。对于麻醉药品、精神药品等特殊类别，需事先向食品药品监督管理部门申请报批，获准后从指定供应商处采购。此外，加强校内运输安全，确保运输车辆、人员及方式均符合安全规范。

第6章 环境类实验室用电安全

用电不当是引发火灾、导致电器设备损毁的"罪魁祸首"。近年来，随着科技的发展，实验室的规模和数量不断增加，仪器设备的种类和规模也处于快速增长期，用电安全问题十分突出。实验室高度依赖电力，实验室的照明系统、电器、精密设备、大型仪器的运转都离不开电力。触电、静电及引燃爆炸物、火灾等事故会对实验室人员的身心健康产生不良影响；短路、突然停电等事故会对部分仪器设备会产生破坏性的影响，关系着科研工作的持续性问题，损失不可估量。因此，用电安全是高校实验室安全的重要组成部分，直接关系实验人员的生命安全和实验设备的正常运行，是避免实验室火灾事故发生的关键。

6.1 电气安全

6.1.1 电气安全概述

1. 电气安全的定义

电气安全是指电气产品在安装、使用、维修过程中不发生任何事故，如人身触电死亡、设备损坏、电气火灾、电气爆炸事故等。它涵盖了人身安全与设备安全两个方面，旨在确保电工及其他参与工作人员的人身安全，以及电气设备及其附属设备、设施的安全。

电气事故包括触电、电气设备损坏、火灾爆炸等。电气事故的原因主要是过载、绝缘不合格、安全间距不够、静电、雷电等。

2. 电对人体的伤害

①电击：电流直接通过人体，电流的能量直接作用于人体。致伤部位主要在人体内部，如心脏、肺部、神经系统。

②电伤：电流的能量转换成其他形式的能量（如热能、化学能、机械能）作用于人体。电弧灼伤是电流的热效应致伤，电烙印和皮肤金属化是电流的化学和机械效应致伤。致伤部位主要在人体表面，但电伤作用可深入人体内部。电伤属于局部伤害。

③高频生理伤：在电磁场作用下，因吸收辐射能量发生的生物学作用。

3. 电气安全技术措施

电气安全技术措施主要包括隔离带电体的防护措施，具体有以下几项。

①使用绝缘材料将带电体封闭起来，实现带电体、电位的隔离，保证电流能按一定的通路流通。良好的绝缘是保证设备和线路正常运行的必要条件，也是防止触电事故的重要措施。

②使用屏障、遮栏、护罩、箱盒等将带电体与外界隔离。对于高压电气设备，无论是否有绝缘，均应采取屏护或其他防止接近的措施。

③在人体与带电体之间、带电体与地面之间、带电体与带电体之间、带电体与其他物体和设施之间，都必须保持一定的距离，以防止短路、火灾和爆炸等事故。

④采用特定电源供电的电压系列，以防止触电事故。我国规定的安全电压额定值等级为42 V、36 V、24 V、12 V、6 V。

此外，还包括接地、安装漏电保护器、使用防护用具等技术措施。

6.1.2　电气类实验安全操作规程

（1）在电气类开放性实验室做实验时，必须二人以上方可开展实验。

（2）实验开始前先检查用电设备，再接通电源；实验结束后，先关仪器设备，再关闭电源。

（3）当离开实验室或遇到突然断电时，应关闭电源，尤其要关闭加热电器的电源。

（4）在未验明电气设备无电时，一律认为其有电，不能盲目触及。

（5）需要带电操作时，必须戴绝缘手套或穿绝缘靴。

（6）切勿带电插、拔、接电气线路。

（7）动力出线的端子在不使用时要用绝缘胶带包好，防止误合闸触电。

（8）在进行电子线路板焊接后的剪脚工序时，剪脚面应背离身体特别是脸部，防止被剪下的引脚弹伤。

（9）对于高压电容器，在实验结束后或闲置时，应串接合适的电阻进行放电。

（10）在进行需要带电操作的低电压电路实验时，单手操作比双手操作安全。

（11）使用电容器时，千万要注意电容的极性和耐压，当电容电压高于电容耐压时，会引起电容爆裂而伤害到人。

（12）使用电烙铁时应注意：不能乱甩焊锡；及时将电烙铁放回烙铁架，使用完成后及时切断电源；电烙铁周围不得放置易燃物品。

（13）静电防护。静电能造成大型仪器的高性能元器件的损害，危及仪器的安全，同时放电瞬间产生的冲击性电流能对人体造成伤害，虽不致危及生命，但严重时能使人摔倒。电子器件放电火花可能引起易燃气体燃烧或爆炸，因此必须加以防护。防静电的措施主要有以下几种。

①防静电区内不要使用塑料、橡胶地板、地毯等绝缘性能好的地面材料，可以铺设

导电性地板。

②在易燃易爆场所，应穿着用导电纤维及材料制成的防静电工作服、防静电鞋、防静电手套等。不要穿化纤类织物、胶鞋及绝缘底鞋。

③高压带电体应有屏蔽措施，以防因人体感应而产生静电。

④进入易产生静电的实验室前，应先徒手触摸一下金属接地榜，以消除人体从室外带来的静电。在坐着工作的场合，可在手腕上带接地腕带。

6.2 实验室电气事故分析

案例 6-1

南京某大学"2·27"火灾

1. 事故经过

2019年2月27日0时42分，南京某大学生物与制药工程学院楼3楼一实验室发出一阵响声，随后有明火蹿出窗户，火势迅速蔓延至楼顶，整栋大楼浓烟滚滚，根本来不及灭火。学校报警后，南京市消防支队调派9辆消防车、43名消防员赶赴现场，消防员用水枪喷射扑灭明火并降温，1时15分火灾被控制，1时30分火灾被扑灭。三层楼的外墙面被熏黑，窗户破碎，警方和学校保卫部门封闭现场。火灾烧毁3楼热处理实验室内办公物品及楼顶风机。不过所幸当时没有人在大楼里，没有人员受伤。

2. 事故原因

电源未关闭导致电路火灾。

3. 安全警示

①离开实验室时前一定要关闭仪器设备、水源、电源和气源。

②定期检查实验室电路，及时消除电路安全隐患。

案例 6-2

北京某大学实验室火灾事故

1. 事故经过

2016年1月10日北京某大学实验室冰箱发生自燃，消防队员及时扑灭火灾，但冰箱已焦黑变形，内存化学试剂全部烧毁。

2. 事故原因

冰箱电路老化引发自燃。

3. 安全警示

存储化学试剂的冰箱不得超过使用期限，并应放置在通风良好处，周围不得堆放杂物。

案例 6-3

广东某高校实验室水循环真空泵起火事故

1. 事故经过

2022 年 7 月 24 日凌晨 2 时 54 分,大学城校区某实验室抽滤设备发生冒烟起火事故,造成实验室小面积过火,过火面积约 1.6 m^2。事故发生后,实验室人员和保安及时切断电源,立即用干粉灭火器扑灭明火,现场随即得到控制,阻止了火势蔓延。事故实验室内一台真空抽滤设备、一带洗手池的实验台烧毁,无人员伤亡。

2. 事故原因

对监控视频、样品宏观形貌、控制面板水循环真空泵电源线熔痕体视显微镜、金相组织、扫描电镜微观形貌综合分析,结合事故发生当天未使用危险化学品、无雷击、无遗留火种等事实,综合结果表明,本起事故为水循环指控泵控制面板夜间带电,该部位长期处于西晒位置,面板塑料老化,加上最后离开实验室的人员未关闭总闸,水循环真空泵电源插头到桌面插座电源导通,控制面板长时间带电,水循环真空泵电源线发生短路。由于控制面板水循环真空泵外壳均为高分子材料,短路产生的高温熔损了真空泵的壳体、水箱以及电缆线绝缘层,引起高分子材料燃烧,燃烧产生的高热进一步使火焰蔓延到台面。由于周围没有易燃物,火灾蔓延速度缓慢,幸好人员发现与扑救及时,夜间实验室人数少,未造成重大人员伤亡。

3. 安全警示

①夜间,人员离开实验室时应关闭总电源。

②不具备关闭总电源的条件时,人员离开实验室前,应从插座拔出用电设备的电源插头,确保设备控制回路不带电。

③应及时更新使用年限久的电气设备。

④电气设备、线路不应长久处于紫外光辐射、高温等环境。

⑤高温气候条件下应加强电气设备的绝缘检测、日常检查与完好性保障措施。

⑥应加强落实实验室电气设备安全主体责任制,加强人员培训与技能提升,确保全过程安全,预防事故发生。

⑦加强夜间校园值班巡查频次,确保值班人员在岗,加强应急处置能力。

案例 6-4

广东某高校实验室通风橱冒烟起火事故

1. 事故经过

2022 年 8 月 2 日 8 时 58 分,大学城校区某实验室通风橱发生冒烟起火事故,造成通风橱内小面积过火,过火面积约 1 m^2。实验室人员及时采取措施,切断电源,用干粉灭火器扑灭明火,控制现场,阻止了事态进一步恶化。涉事实验室内个别实验设备损坏，无人员伤亡。

2. 事故原因

通风橱左侧电源线路接线不规范，存在直接搭接的不可靠驳接状况。通风橱长期通电使用后接头承受振动、老化、绝缘胶带失效；加上用电设备电源之间采用串联接线的方式，导致线路在接头部位接触不良发热。线路存在过载，接头高温失效，引燃高分子材料制成的通风橱。

3. 安全警示

①提高第三方承包商施工质量、加强安全监督管理，保证实验设备本质安全。
②定期对隐蔽电源线路进行安全检查。
③应定期对电源漏电开关等漏电保护元件进行试验，确保其完好性与可用性。
④加强实验室人员安全用电的培训，提高隐患排查与应急处置能力。
⑤在高温季节来临之前对老旧线路与用电设备进行隐患排查。

6.2.1 常见问题

1. 用电负荷高，乱搭乱接现象严重

实验室仪器设备摆放不规范而且用电负荷高。设备增多，尤其大功率设备增多容易导致配电不足，部分实验室忽略或者回避配电系统的增容更新问题，"小马拉大车"导致超负荷用电。实验室内不仅仪器设备多，还存在着多台设备共用一个插线板的问题，即插线板分接口太多的问题，这也是实验室安全检查过程中最常见的用电问题之一。

2. 电源走线混乱，电线电路老化

实验室设计施工或检修阶段，常因监督不力，施工方未按相关规定归类电线，电路存在颜色与线路不清、乱走线等问题，这些隐患为正常维修维护与事故发生时的抢修工作带来了麻烦、制造了困难。

3. 缺乏必要防护，安全意识淡薄

有的学生进入实验室披头散发、穿拖鞋短裤长裙，这一现象在夏季尤其明显。必要的个体防护措施不到位，易引发连带的实验室安全事故。部分实验室人员安全意识淡薄，对检查组人员提出的实验室安全整改意见置若罔闻。

4. 电源质量不高，设备缺乏用电保护

很多大型精密仪器设备对电源质量要求很高，要求电源电压稳定，两路独立电源自动切换不间断供电，接地电阻要小，等等。许多正在使用的大型精密仪器设备的电源往往不能满足以上要求，而又缺少必要的用电保护，由此影响这些设备的性能和寿命，甚至会直接损坏设备。

6.2.2 原因分析

1. 用电客观需求突增，加大负荷

随着学科的发展以及研究的深入，高校对设备和电的依赖程度越发凸显。从安全检查情况分析，高校存在不断增长的实验室单位面积、设备数量与用电线路老化间的矛盾，老楼旧楼尤其明显。

2. 实验室规划不合理，埋下隐患

由于实验室面积小，仪器设备多，实验室建设规划与实际没有充分考虑科研发展需求，有些实验室甚至是由办公室临时改造的，用电负荷、插座位置分布等均不符合实验室建设标准和要求，从源头上为实验室用电安全埋下了隐患。加之，部分实验室为图省事或降低实验成本，在拥挤的实验室里堆放过量的实验用品用具，导致实验室可利用空间狭窄，阻挡用电插口，用电线路常常要绕过这些堆积的物品。

3. 人员安全意识松懈，重视程度不足

每个人都会与电打交道，除实验室外，一般办公环境、家庭、公共场所也会用到电，人们对经常接触到的东西感觉熟悉，就容易忽略了它可能带来的负面影响。然而，近年来用电不当引发的各类实验室安全事故层出不穷，如线路不良引发的火灾、爆炸、人员烫伤等，表明用电安全是不容忽视的。

一些实验人员缺乏安全知识，安全意识淡薄。其主要表现为日常工作态度、工作水平均无法满足电气设备安全管理要求。

4. 管理出现漏洞，加剧隐患

大部分安全事故是人为造成的，科学规范的管理可以减少甚至遏制人为事故的发生。实验室人员将安全挂在嘴边，但是一出事故就互相推卸责任，无法将安全落实到实际行动中。这与单位安全责任落实不到位、对直接责任人追究力度不强等管理问题有直接的关系。同时，设备操作人员只注意设备操作，无视设备维护及保养规范，而维护人员则只对设备进行维修，不对操作人员的违规操作进行纠正，最终使得设备管理工作不完善，导致电气设备损毁事故频发。

6.2.3 解决途径

1. 技术措施

（1）科学规划。

新建实验室时，设计配电容量要能满足或大于所有设备共同使用时的用电荷载，才能保证仪器设备稳定运行、防止因过载而产生的一系列问题。供配电系统有一套运行规律和规范要求，需要通盘考虑和长远规划，不可随意违章搭接设备。购置设备前，特别是大容量、高要求的大型精密仪器设备，除了要对使用效益、资金来源、人员和用房落实等进行可行性论证外，还必须进行水电供应的可行性调查，并切实落实设备的用电保护措施，如不间断供电、专线配送、稳压等措施，用电管理部门应参加会审。对短期内不能达到用电要求的设备要暂缓购买，以免搁置设备，浪费资金。

（2）合理布局。

安装设备时，设备和设备之间不应太近，设备和墙体之间也应留有合理距离，否则人员走动时可能会刮碰线路，易引发触电。根据工作需要改、扩建实验室时，新的用电系统建成后，应立即拆除废弃不用的旧线路、旧装置。室内搭接临时用电线路应在学校电管部门同意后由专门的施工人员进行操作。同时，实验室内不宜超量存放易燃品、易爆品（特别是挥发性较大的物质），防止物质蒸气浓度超过爆炸限度后遇电火花引起爆炸、着火。

（3）安全用电。

实验室所有用电线路和装置，应由有施工资质的单位架设、安装和施工。所有管线、装置和各种元器件应符合国家标准。严禁实验室用电超负荷运行。实验室用电线路和配电箱、漏电保护器等装置及线路系统中的各种开关、插座、插头等应保持完好可用状态，熔断装置所用的熔丝必须与线路允许的容量相匹配，不能用其他导线替代。

新设备连线、已有设备维修和实验过程中进行仪器设备的连接、拆卸与组装、整体移动时，不要图省事，一定要断电停机。连接或维修完成接通电源后，应及时用试电笔或万用表检查设备各部分带电情况。仪器设备使用完毕，实验人员应及时关闭总电源，并检查加热装置分开关是否关闭。不应在无人监护的情况下长时间开启电气设备。如遇雷暴天气应停止带电的实验操作，避免雷击。

针对电气设备的日常运行，应当预先确定好日常检修巡查的周期、巡查内容以及顺序。对设备进行日常检修的内容应当涵盖设备是否超负荷运行、短路保护装置是否正常运行、设备绝缘性能是否保持良好等。应当随时随地明确设备运行情况，确保其时刻保持良好运行状态。

（4）落实事故溯源分析。

对高等学校实验室用电事故（如火灾）进行全面的分析，找出事故原因，提出相应的预防措施。

2. 安全管理

（1）健全制度体系，加强管理。

完善设备管理制度与技术规范，避免人为因素导致的故障，可借鉴工作监护制度、操作许可制度、电力工作证制度等提高设备管理的规范性。为了加强实验室的用电管理，必须建立用电管理机构。可由基建科、水电科等供电维修专职部门和实验室管理部门的专职人员及实验室用电部门的兼职人员组成一个专管与群管相结合的管理网。

不断完善电气设备操作管理规范、维护运营规范、检修规范等相关条例。应按照规范内容不断督促管理人员积极地学习、研究，确保各项工作专业化、高效化，从而有效预防设备安全故障、排除安全隐患。

（2）加强宣传教育力度，增强安全意识。

加大宣传教育力度，增强安全意识是安全管理的关键。预防是最好的安全措施。在网络教育、日常检查中发现问题，并引以为戒，是安全教育的最有效途径之一。

第7章 环境类实验室仪器设备安全

实验设备是实验室重要的硬件资源，在实验教学、科学研究、检验检测等各项工作中发挥着非常重要的作用，其规范使用与安全运行是实验室管理工作的组成部分。环境类实验室常用的仪器设备包括玻璃仪器、高压设备、高/低温设备、高速设备、高能设备等（表7-1），这些装置的操作都具有一定的危险性，在使用这些仪器设备时，必须注重规范性并做好安全预案，谨慎操作。只有正确掌握这些设备的操作方法，才能安全高效地进行科研工作，从而保障实验室的正常运行。

表7-1 实验室常用仪器设备及引发的事故种类

仪器设备类型	仪器设备示例	引发事故类型
玻璃仪器	烧杯、量筒、试管	割伤、烧烫伤、爆炸
高压设备	反应釜、灭菌器、气瓶	烧烫伤、爆炸
高温设备	马弗炉、管式炉、烘箱、油（水）浴锅	烧烫伤、火灾、爆炸
低温设备	冰箱、液氮罐	冻伤
高能设备	激光器、X射线发生装置、高能加速器、球差电镜	触电、辐射
高速设备	高速离心机、搅拌器	机械伤害
大型仪器	气（液）相色谱仪、气（液）质联用仪、总有机碳分析仪、离子色谱仪、原子吸收（紫外可见）分光光度计、核磁共振仪	火灾、爆炸

7.1 玻璃仪器安全操作规程

1. 使用前的检查

①仔细检查玻璃仪器：在使用前，应仔细检查玻璃仪器是否有裂痕或破损，特别是进行减压、加压或加热操作时，更要认真检查。避免使用有缺陷的仪器，以防在实验过程中发生意外。

②清洗仪器：使用前后清洗所有的玻璃器具，以去除残留的化学物质或污垢，确保

实验的准确性和安全性。

2. 操作过程中的注意事项

（1）正确操作。

在将玻璃管或温度计插入橡皮塞或软木塞时，玻璃管上常常会沾些水或涂有碱液、甘油等作润滑剂，以避免折断玻璃管而致人受伤。

烧杯、烧瓶及试管等壁薄，机械强度低，加热时必须小心操作，以防破裂。

吸滤瓶及广口瓶等厚壁容器，往往因急剧受热而破裂，若须加热应用耐热玻璃器具。

加热装有可燃性气体的容器可能引起爆炸事故，因此操作前必须将容器中的可燃性气体清除干净。

（2）做好防护。

在进行容易导致玻璃器皿破裂的操作时，如减压处理、加热容器等，要戴上护目镜、防护面屏、防护手套等防护装备。

持取大的试剂瓶时，不要只取颈部，应用一只手托住底部，或放在托盘架中，以防脱落。

（3）破损处理。

①清理碎屑：若玻璃仪器破损，应立即用毛刷将碎屑刷进指定利器盒，尽量清理干净，避免使用抹布，以防划伤。

②记录与报告：在仪器破损登记本上签字，以便后续处理和追责。

3. 特殊仪器的使用

旋转蒸发仪（图7-1）是蒸发、浓缩、结晶、干燥、分离、溶剂回收等实验环节

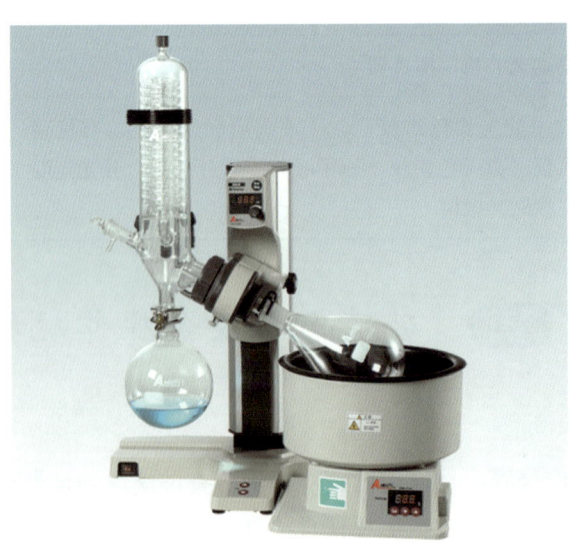

图7-1　旋转蒸发仪

中必不可少的仪器设备,它主要由蒸馏烧瓶、高效玻璃冷凝器、减压泵、收集瓶、控温水浴锅等部件组成,实验室常用于减压蒸馏。旋转蒸发仪适用的压力一般为10～30 mmHg,各个连接部分都应用专用夹子固定,烧瓶中的溶剂容量不能超过一半。

安全操作及注意事项如下:

①启用冷凝循环泵时一般先启动循环系统,再启动制冷系统。

②必须用磨口夹固定防溅球和蒸馏烧瓶,以防止蒸馏烧瓶中的固体(如硅胶)喷出。防溅球内可塞上一小团棉花。安装和拆卸收集瓶时,请用手托住瓶底。安装时夹子要固定好,螺丝顶住夹柄。

③使用时请确认蒸馏烧瓶、防溅球或磨口夹不与水浴锅磕碰。

④进行减压蒸馏时,若蒸馏烧瓶内液体爆沸,应立即提高蒸馏烧瓶高度,离开水浴,待水浴温度适当降低后再继续蒸馏;也可旋转安全瓶活塞,适当降低瓶内真空度。

⑤旋蒸溶剂时未使用磨口夹致使圆底烧瓶脱落,可能引起火灾等事故。

⑥旋蒸之前需要充分了解溶剂性质,旋蒸低沸点溶剂(如乙醚)时须有人在场。

⑦要按照玻璃仪器的安全操作方法对其进行清洗、干燥和存放。

4. 存储与维护

(1)正确存储:应将实验室中的玻璃仪器存放在干燥、通风良好的地方,避免存放在阳光直射或潮湿环境中。

(2)定期维护:定期检查玻璃仪器的完好性,及时更换损坏的仪器。对于长期不使用的仪器,应进行适当的保养和维护。

5. 培训与教育

定期对实验室人员进行安全培训和教育,通过详细的讲解和示范,使实验室人员能够正确、安全地使用玻璃仪器,尽可能减少事故的发生。

7.2 高压设备安全操作规程

7.2.1 反应釜

实验室常用的反应釜是一种耐高温、耐高压的反应容器,内有聚四氟乙烯衬套,可耐酸、碱和各种有机溶剂。水热反应釜见图7-2。

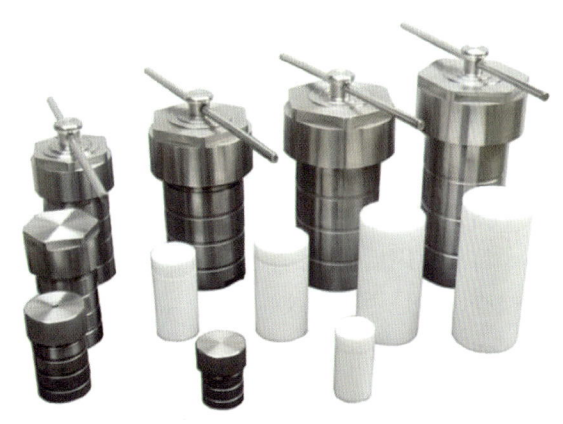

图7-2 水热反应釜

案例 7-1

2021年3月31日，中国科学院化学研究所发生实验室安全事故，一名研究生当场死亡。

综合多方报道和信息，此次反应釜爆炸的原因可以归结为以下几点：

①高温高压下的操作失误：事故的直接原因可能是实验人员在实验过程中未能正确处理反应釜内的高温高压环境。有报道指出，学生可能在反应釜没有充分冷却的情况下尝试打开反应釜，导致釜内的高压气体瞬间释放，从而引发爆炸。

②反应过程中产生的易燃易爆气体：在实验过程中，反应釜内可能产生了氢气等易燃易爆气体。由于某种原因（如设备泄漏、操作不当等），这些气体未能被及时排除或控制，在高温环境下被引燃，进而引发爆炸。

③设备故障或老化：虽然这一点在官方报道中并未明确提及，但设备故障或老化也是可能导致实验室事故的原因之一。如果反应釜存在裂纹、密封不严或其他安全隐患，就可能在高压环境下发生泄漏或爆炸。

④安全操作规程执行不严：实验室应制定严格的安全操作规程，并要求实验人员严格遵守。如果实验人员未按照规程操作，就可能增加事故发生的风险。

水热反应釜的操作步骤及注意事项如下。

1. 操作步骤

（1）准备反应物。

将反应物倒入聚四氟乙烯衬套内，并确保加料系数小于0.8，以避免因反应物过多而产生过高的压力。

（2）组装反应釜。

确保釜体下垫片位置正确（通常凸起面向下）；放入聚四氟乙烯衬套和上垫片；先手动拧紧釜盖，然后用螺杆把釜盖旋扭拧紧，确保密封良好。

（3）加热反应。

将水热合成反应釜置于加热器内；按照规定的升温速率将反应釜升温至所需反应温度，注意温度不要超过设备的安全使用温度。

（4）反应结束与冷却。

待反应结束后，按照规定的降温速率进行冷却，避免快速降温对设备造成损害；确认釜内温度冷却到自然温度后，先用螺杆把釜盖旋扭松开，然后小心打开釜盖。

（5）清洗与维护。

每次使用后要及时清洗反应釜，特别是釜体、釜盖线密封处，以防锈蚀和损坏；定期检查设备是否有裂纹、变形、泄漏等异常现象，确保设备处于良好状态。

2. 注意事项

（1）安全操作。

实验前应确保实验室通风良好、安全阀等安全附件完好并；实验人员必须熟悉反应釜的结构、性能并熟练掌握设备操作规程;严禁在超温、超压的情况下工作,避免发生危险。

(2)材料选用与配管。

选择符合反应要求和环境要求的设备,如应避免反应釜的内部材质与反应产物发生化学反应;应选择耐腐蚀、与反应物相容的接头、配件和管道,防止发生渗漏和危险。

(3)反应物料准备与防护。

注意反应物料的配制和危险性,确保操作员已做好防护,如佩戴手套、护目镜等。

(4)设置安全出口。

应将反应釜放置在室内,实验室应有直接通向室外或通道的安全出口。高压釜安全阀卸口需连接室外,确保在紧急情况下能够迅速排放压力。

(5)设备检查与维护。

定期检查容器设备是否破损,检查高压釜的釜体、釜盖及所有焊缝有无裂纹、变形、泄漏等异常现象。定期校验安全阀等安全附件,确保其能够正常工作。

7.2.2 灭菌器

灭菌器(图7-3)是一种通过物理或化学手段彻底灭杀或去除物品表面及内部所有微生物(包括细菌、芽孢、病毒、真菌等)的专业设备,其核心目标是实现无菌状态,满足医疗、科研、工业等领域对无菌环境的要求。

立式压力蒸汽灭菌器是一种垂直圆筒形的高压蒸汽灭菌装置,通过电加热产生高温高压蒸汽(通常为121℃、103 kPa或134℃、200 kPa),利用热力和压力穿透物品,杀灭包括细菌、芽孢、病毒在内的所有微生物,实现彻底灭菌。

图7-3 灭菌器

案例7-2

2016年5月25日21时左右，某高校实验室博士研究生使用高压灭菌器对培养液进行灭菌操作。在完成灭菌作业且灭菌器腔内压力降为零后，该生开盖取出装有培养液的玻璃瓶，这时，瓶子突然爆裂，导致该生面部被玻璃片划伤，左眼视网膜、双手及胸部等多处被蒸汽灼伤。

事故原因：该生在对培养液进行灭菌操作的过程中，未能按要求使培养液自然冷却，而是违规强制排汽冷却。在取出玻璃瓶时瓶体开裂，培养液爆沸，导致人体被玻璃碎片划伤和被蒸汽灼伤。

安全警示：使用手动灭菌器对瓶装液体灭菌时，操作人员应让灭菌器内温度自然下降，当压力降至0时，打开排气阀，旋松螺栓，打开盖子，取出灭菌物品，否则会内外压力差会使瓶内液体喷溅，甚至使瓶子破裂爆炸。

1. 灭菌器运行前的安全检查

（1）开盖：向左转动手轮数圈（图7-4），直至转动到顶，使锅盖充分提起，拉起左立柱上的保险销（图7-5），向右推开横梁移开锅盖（图7-6）。

安全提示：开盖前必须确认压力表指针归零，锅内无压力。

图7-4　向左转动手轮数圈　　　图7-5　拉起左立柱上的保险销　　　图7-6　移开锅盖

（2）检查门盖胶圈、保险销、排汽口：确认门盖胶圈无损坏（图7-7），排汽口无堵塞（图7-8），联锁装置灵活可靠（图7-9）。

图7-7　确认门盖胶圈无损坏　　　图7-8　排汽口无堵塞　　　图7-9　联锁装置灵活可靠

（3）检查安全附件：未启动前，温度压力表指针初始位置应为零，且温度压力表在检定周期内（图7-10），安全阀灵活可靠（图7-11），温度计指示准确并在校验周期内。

温度压力表用来测量和指示设备内介质的温度和压力数值的大小，至少每半年检定一次。

安全阀是超压防护装置，当压力超过灭菌器设定值的压力范围时，会自动排放压力，使压力恢复到允许的设定值范围内，避免超压导致的爆炸事故或灭菌器损坏，每年至少校验一次。

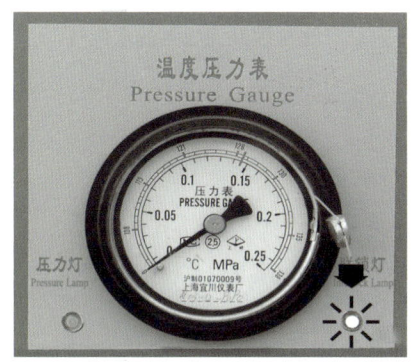

图7-10 压力表指针初始位置应为零，且温度压力表在检定周期内

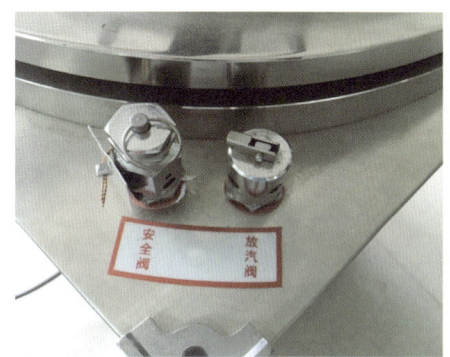

图7-11 安全阀灵活可靠

（4）通电：接通与本器标牌一致的电源，将控制面板上的电源开关按至"ON"处，此时欠压蜂鸣器响（图7-12），表示本机锅内无压力（当锅内压力升至约0.03 MPa时蜂鸣器自动关闭），控制面板上的低水位灯亮（图7-13），蒸发锅内属断水状态，显示电源已正常输入本机。

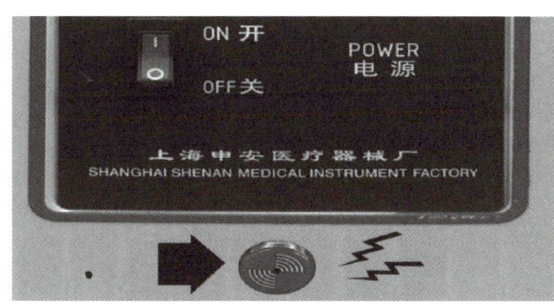

图7-12 欠压蜂鸣器响

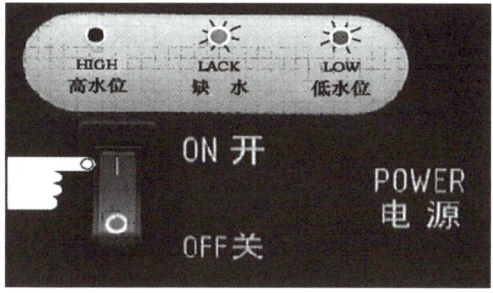

图7-13 控制面板上的低水位灯亮

（5）加水：开启锅盖后，将8升纯水或生活用水直接注入蒸发锅内（图7-14），同时观察控制面板上的水位灯（图7-15），当低水位灯灭，应继续加水至高水位灯亮（每次使用前均需补足上述水位）。当加水过多，内胆中有存水时，应开启下排汽阀放去内胆中的多余水量（图7-16）。

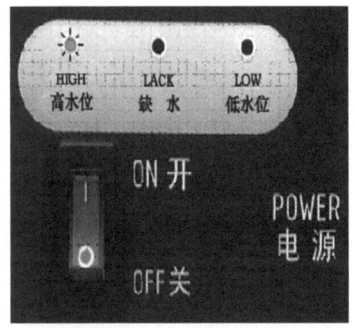

图7-14 将8升纯水或生活用水直接注入蒸发锅内　　图7-15 观察控制面板上的水位灯

图7-16 开启下排汽阀放去内胆中的多余水量

2. 灭菌前物品装放

下排气灭菌器的装载量不得超过柜室内容量的80%。

灭菌物品包体积一般不要超过300 mm × 300 mm × 250 mm。

金属包的重量不超过7 kg，敷料包的重量不超过5 kg。各金属包之间留有间隙，依次堆放在灭菌筐内（图7-17），这样有利于蒸汽的穿透，提高灭菌效果。堆放灭菌包时应注意安全阀放汽孔位置（图7-18），必须保障其畅通放汽，否则设备超压时若安全阀汽孔堵塞未能泄压，可能造成锅体爆炸事故。

图7-17 金属包依次堆放在灭菌筐内　　图7-18 注意安全阀放汽孔位置

3. 压力蒸汽灭菌器运行操作

（1）密封：把横梁推向左立柱内（图7-19）且必须全部推入立柱槽内（图7-20），手动保险销自动下落锁住横梁。将手轮向右旋转，使锅盖向下压紧锅体（图7-21），加力使之充分密合，致使密封开关处于接通状态。联锁灯亮（图7-22）显示容器密封到位。

图7-19　把横梁推向左立柱内

图7-20　横梁必须全部推入立柱槽内

图7-21　压紧锅体

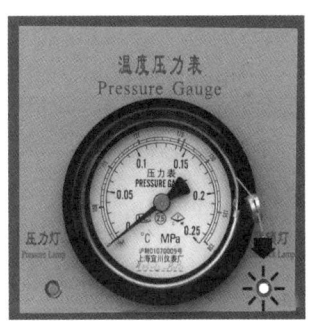

图7-22　联锁灯亮

（2）设定温度与时间：操作前请熟悉控制面板（图7-23）各部位名称。

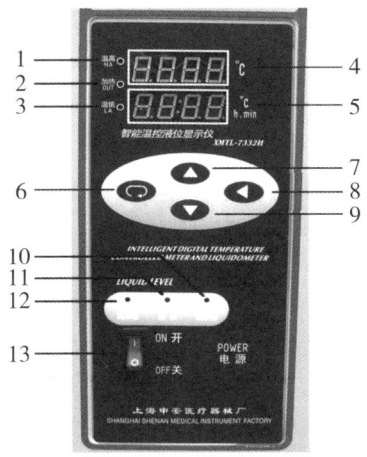

1—高温指示灯；2—工作加热灯；3—低温指示灯；4—阅读工作状态数显窗（红色）；5—温度、时间设定数显窗（绿色）；6—确认键；7—增加键；8—移位键；9—减少键；10—低水位灯；11—缺水灯；12—高水位灯；13—电源开关

图7-23　控制面板

按动一下"确认"键（图7-24）开启设定显窗内数显，观察绿色数显（图7-25），如闪烁则表示可以进入设定状态。

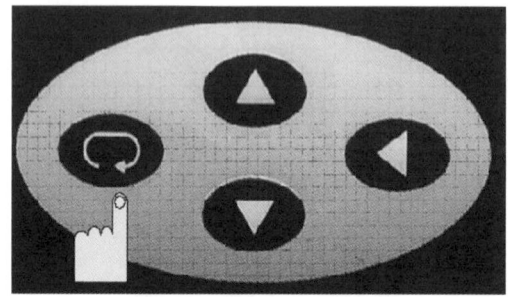
图7-24 按动"确认"键

图7-25 观察绿色数显

按动"增加"键可上调温度，按动"减少"键可下调温度（图7-26）。所需温度调整后，须继续按动"确认"键以确认新设定数据（图7-27）。确认后温度设定完毕。

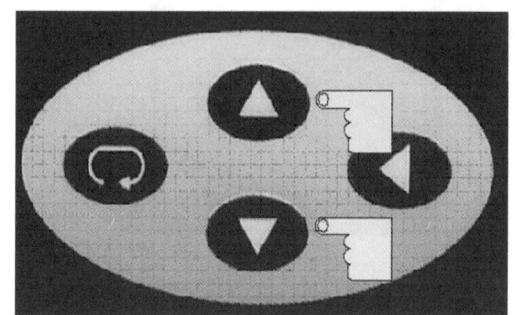
图7-26 设定温度

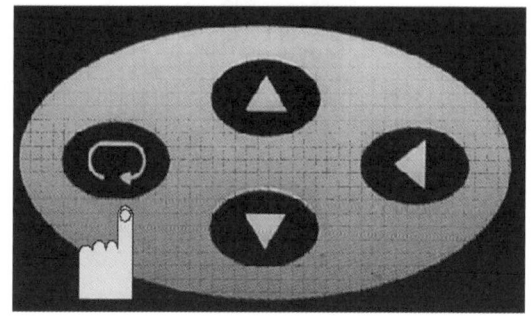
图7-27 确认新设定温度

温度设定完成后，只需再按动一次"确认"键（图7-28），将温度显示状态切换成时间显示状态。当绿色设定窗闪烁（图7-29），此时数显窗为时间设定显示状态，数显窗前两位为小时，后两位为分钟。

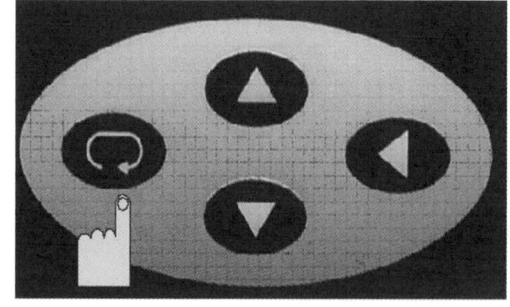
图7-28 再按动一次"确认"键

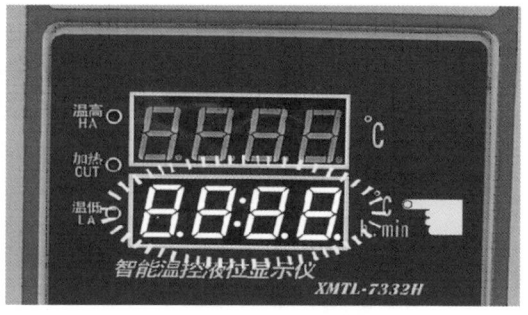
图7-29 绿色设定窗闪烁

按动"增加"键可将时间上调，按动"减少"键可将时间下调（图7-30）。所需保温时间调整后,须继续按动"确认"键确认新设定时间(图 7-31)。确认后时间设定完毕。

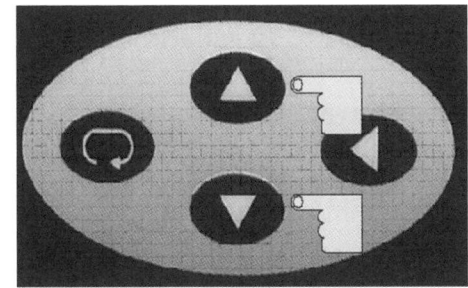

图 7-30　调整时间

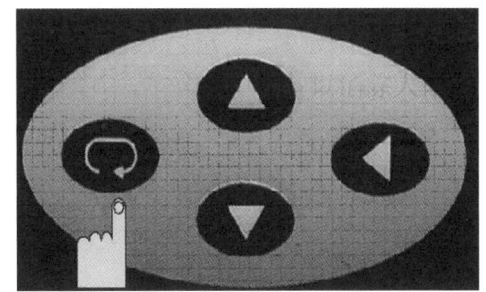

图 7-31　确认新设定时间

当设定失败或操作错误,需重新调整数据,按动"确认"键(图 7-32),选择温度或时间。当绿色设定窗数据闪烁,即可重新设定。

"移位"键功能是在设定数显状态时对闪烁的数据进行移位(图 7-33),快速调整数据。

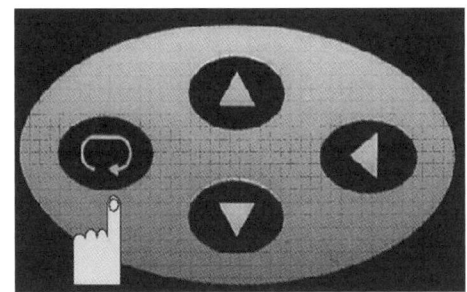

图 7-32　按动"确认"键调整数据

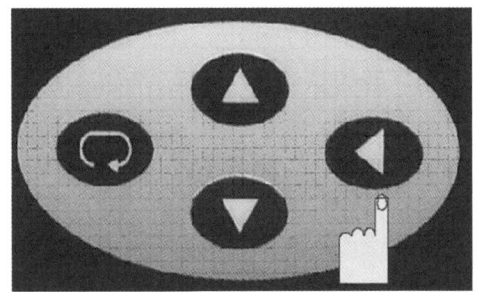

图 7-33　按动"移位"键对数据进行移位

(3)灭菌。

当所需温度、时间设定完毕,设备即进入自动灭菌循环程序,控制面板上的加热灯亮(图 7-34),压力灯亮(图 7-35),显示灭菌室内正在正常加热升温升压。当灭菌室内温度达到设定值时,加热灯灭显示正在保温,同时自动控制系统开始进行灭菌倒计时,控制面板上的设定窗内显示所需的灭菌时间(图 7-36)。

图 7-34　控制面板上的加热灯亮

图 7-35　压力灯亮

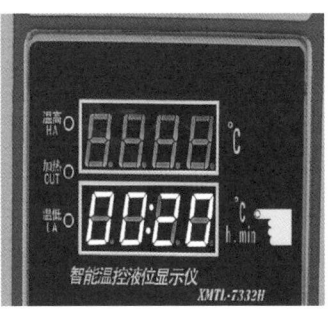

图 7-36　设定窗显示灭菌时间

灭菌完成，自动控制装置将自动关闭加热系统（手动控制除外），并伴有报警提醒（图7-37）；保温时间自动切换成"End"显示，此时，应将控制面板上电源开关按至"OFF"（图7-38）。待压力表指针回落至零位后，观察图7-39中箭头所示位置；开启安全阀或排汽排水总阀，排净灭菌室内余汽。使用手动控制时，应人工关闭电源。

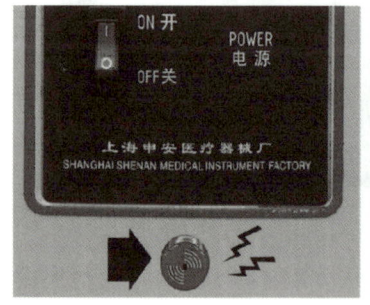 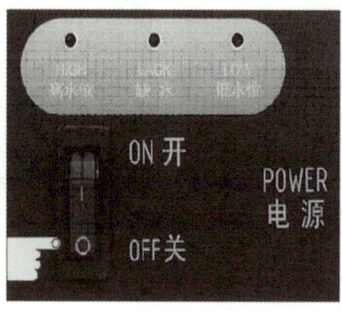 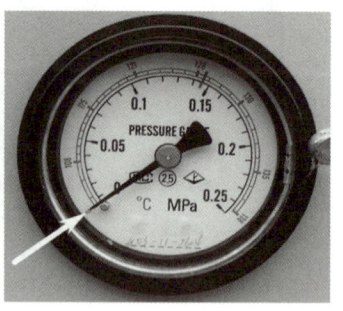

图7-37　报警提醒　　　　图7-38　电源开关按至"OFF"　　图7-39　开启安全阀或排汽排水总阀

对于灭菌室上、中、下三点温度一致性要求高的灭菌物品，可在灭菌时将排汽排水总阀向左旋转（图7-40），让少量的蒸汽不断排出，便可达到灭菌室温度均衡的要求。此总阀向左转为排汽，向右转为排水。

（4）干燥。

物品灭菌后需要迅速干燥，须打开安全阀（图7-41）或将排汽排水总阀向左旋转至"开"位置（图7-42），让灭菌器内的蒸汽迅速排出，使物品上残留的水蒸气快速挥发。进行液体灭菌时严禁使用干燥方法。

  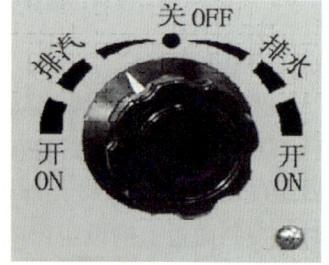

图7-40　将排汽排水总阀向左旋转　　图7-41　打开安全阀　　图7-42　将排汽排水总阀向左旋转至"开"位置

（5）启盖。

在灭菌作业完成后，当灭菌室内压力降至零、温度降到70℃以下时，可以启盖。

压力表指针归零后向左转动手轮数圈（图7-43），直至转动到顶，使锅盖可被充分提起，拉起左立柱上的保险销（图7-44），向右推开横梁移开锅盖（图7-45）。

图 7-43　向左转动手轮数圈　　图 7-44　拉起左立柱上的保险销　　图 7-45　移开锅盖

（6）取出灭菌物品。

从灭菌器卸载物品，冷却时间应大于 30 min。应确认灭菌过程合格，应检查有无湿包，不应储存与发放湿包。

（7）储存。

物品应放置于固定位置，设置标识，物品存放架或柜距地面高度 ≥ 20 cm，与墙距离 ≥ 5 cm，与天花板距离 ≥ 50 cm。

灭菌后物品分类、分架存放在无菌物品存放区。应去除一次性无菌物品外包装后，并放入无菌物品存放区。

7.2.3　气瓶

气瓶是一种耐压密封容器，通常由钢质或复合材料制成，内部充装压缩气体、液化气体或溶解气体，通过减压阀、压力表等装置控制气体输出，为实验室仪器、反应装置或特定实验提供稳定气源。

案例 7-3

1. 北京某大学氢气钢瓶爆炸事故

发生时间：2015 年 12 月 18 日

事故概况：北京某大学化学系实验室发生一起爆炸事故，导致一名正在做实验的博士后当场死亡。发生爆炸的是一个氢气钢瓶，爆炸点距离博士后的操作台两三米。

事故原因：直接原因是氢气钢瓶在火灾中发生爆炸，间接原因是违规存放危险化学品，违规使用易燃、易爆压力气瓶，没有落实实验室安全管理制度，安全管理不到位，学生安全意识淡薄。

2. 江苏某大学甲烷钢瓶爆炸事故

发生时间：2015 年 4 月

事故概况：江苏某大学化工学院实验室因甲烷气体泄漏发生爆炸事故，造成多人伤亡和重大财产损失。

事故原因：实验人员在实验时操作不当，继续使用过期钢瓶，钢瓶多年未进行检验；对甲烷混合气的危险认识不足，未配置基本的防护安全设备。

3. 其他相关事故案例

除了上述两起典型事故外，近年来还发生了多起高校实验室气瓶事故。例如，上海某大学实验室气瓶泄漏事故：在更换硫化氢气体钢瓶时气体发生泄漏，导致现场工作人员死亡，事故原因包括对气体危害意识不强、操作人员未进行专业培训以及使用民用车辆进行气瓶运输等。北京某高校激光加工实验室氩气泄漏事故：一名博士生在夜间连续实验期间，私自进入氩气泄漏的环境导致其窒息死亡，事故原因包括没有报警装置、没有完善的管理制度以及实验室人员单独过夜等。

从上述事故案例中，可以总结出以下几点教训与防范措施：

①严格遵守安全操作规程：使用气瓶前应仔细检查其外观、阀门和压力表等是否完好；开启和关闭气瓶阀门时动作应缓慢；不同气体的气瓶应有明确的外部标志并避免混用。

②加强安全管理与培训：制定并严格执行实验室气瓶安全管理制度；定期对实验室人员进行安全教育培训；新入职人员必须在上岗前（学生在进入实验室前）接受安全教育和技能培训。

③提升应急处理能力：制定实验室气瓶泄漏、爆炸等突发事件的应急预案；定期组织应急演练；配备足够的应急设备并确保其处于良好状态。

④注重实验室环境与安全设施维护：保持实验室通风良好；设置明显的安全警示标志和逃生指示标志；根据用气实际情况，安装可燃、有毒或者氧含量气体报警装置和自动灭火系统等安全设施。

1. 气瓶的接收与存放

（1）气瓶的接收。

实验室须严格按照规定购置各类气体。接收气瓶时，必须检查气瓶是否安装安全防护帽（图7-46），气瓶状态标签（图7-47）是否清晰以及气瓶的检验期是否有效。不得接收过检验期的气瓶，一般惰性气瓶5年一检，可燃气、反应性气体气瓶3年一检，腐

图7-46　安全防护帽

蚀性气体气瓶2年一检。不得接收超过设计年限的气瓶。接收气瓶时应填写气瓶送货验收单（附件4）。接收气瓶后，悬挂填写完整的气瓶状态标签。

图7-47　气瓶状态标签

（2）气瓶的存放。

气瓶应分类存放，不同性质的气瓶（如可燃性气体与助燃气体的气瓶）不得同存一处，气瓶安全距离不小于5 m或分别存放在气瓶柜内。存放处应阴凉、干燥、通风良好，远离热源和明火，一般与明火距离不小于10 m。氧气瓶存放处周围10 m之内不准存放易燃易爆类或其他油脂类物品。乙炔气瓶存放处周围10 m之内不准存放易燃易爆物品，不准靠近明火存放。气瓶存放时须直立放置，并用铁链等固定，防止滚动或倾倒（图7-48）。应将空瓶与满瓶分开存放，并戴好气瓶瓶帽。

图7-48　气瓶规范存放示例

附件4

气瓶送货验收单

气体送货信息（供应商送货人员填写）

收货实验室地址	___校区___楼__号房		订单编号	
所属院系/单位			送气种类	
气体供应商		送气时间　202__年__月__日	联系电话	

气瓶验收内容（实验室收货人员及供应商送货人员共同确认填写）

#	项目				
一、气瓶外观及标识验收					
1	气瓶气嘴无变形、气瓶开关无缺失			□符合	□不符合
2	气瓶无鼓包、凹陷、磕伤、划伤、"橘皮"表面、麻坑、裂纹、凸棱、夹层（分层）、电弧烧伤或火烧伤等严重缺陷			□符合	□不符合
3	气瓶瓶身无明显锈蚀			□符合	□不符合
4	气瓶瓶身字样喷漆清晰			□符合	□不符合
5	气瓶颜色（现场核对填写）		瓶身字样（现场核对填写）	瓶内气体种类（现场核对填写）	
	气体种类与气瓶瓶身颜色、喷漆字样相符（常见气瓶颜色标志见附件A"各类气体钢瓶颜色标志对照表"）			□符合 □不符合，情况描述：	
6	气瓶产品标签	□符合 □不符合	学校专用信息标签	□填写完善 □未提供	
7	气瓶警示标签	□符合 □不符合	气瓶状态指示牌	□提供 □未提供	
二、气瓶制造及定期检验验收					
8	气瓶瓶身有定期检验标识及钢印			□符合 □不符合，情况描述：____	
9	气瓶最近一次检验时间（现场核对填写）		气瓶下一次检验时间（现场核对填写）		
	气瓶在检验合格期内（常见气体的定期检验周期见附件C"常见气瓶的定期检验周期"）			□符合	□不符合
10	气体生产/充装时间（现场核对填写）		气体有效期（现场核对填写）		
	气瓶瓶身有张贴气体合格证，且气体在有效期内			□符合	□不符合
11	气瓶瓶身有制造钢印，显示的气瓶制造时间未超过20年（氯气等腐蚀性气体钢瓶未超过12年）			□符合	□不符合
三、气瓶安全附件配置验收及检漏					
12	气瓶保护罩 *1	□有 □无	手轮 *1	□有 □无	
13	气体压力表、减压阀是否为气体公司提供		□是，则填写项目14和15 □否，跳转项目16		
14	气体压力表中所标明的气体种类（现场核对填写）				
15	气体压力表中所标明的气体种类是否与气体种类相符		□符合 □不符合，情况描述：____		
16	气瓶、附件、管路连接后检漏操作是否无异常		□是 □否，情况表述：____ □备用气瓶未投用		
四、送气人员服务情况验收					
17	送气人员告知实验室气体安全注意事项			□符合	□不符合
18	送气人员规范穿着工作服、佩戴手套及其他安全护具			□符合	□不符合
19	送气人员规范搬运气瓶，无拖动、转动、滚动气瓶现象			□符合	□不符合
20	送气时不存在气瓶随意堆放公共区域、无人值守且无固定措施的情况			□符合	□不符合

气瓶验收结果

经现场验收，供应商所派送的气瓶：□验收通过 □不通过，整改后重新送货

送货人（签名）：_____　　实验室收货人（签名）：_____

验收日期：202__年__月__日

备注：1. 此验收单一式两份，送货和收货方各一份；

2. 一支气瓶一份表，与气瓶使用台账一并留存；

3. 上述指标中，第1项至第16项只要有负面项即视为气体供应不合规，应作退货处理。

A. 各类气体钢瓶颜色标志对照表（参考标准：GB／T 7144—2016《气瓶颜色标志》）

气体名称	喷漆颜色	字样	字样颜色
氧气瓶	天蓝	氧	黑
乙炔气瓶	白	乙炔	红
液化气瓶	银灰	液化石油气	红
丙烷气瓶	褐	液化丙烷	白
氢气瓶	深绿	氢	红
氩气/氖气瓶	银灰	氩	深绿
粗氩气瓶	黑	粗氩	白
纯氩气瓶	灰	纯氩	绿
二氧化碳气瓶	铝白	液化二氧化碳	黑
氮气瓶	黑	氮	黄
氦气瓶	棕	氦	白
氨气瓶	黄	氨	黑
氯气瓶	草绿	氯	白
压缩空气瓶	黑	压缩空气	白
硫化氢	白	硫化氢	红
二氧化硫	白	二氧化硫	黑
氪气	淡黄	液氪	黑
一氧化二氮	银灰	液化笑气	黑
甲烷	棕	甲烷	白
乙烯	棕	液化乙烯	淡黄
乙烷	棕	液化乙烷	白

B. 混合气体气瓶颜色一览表（参考标准：《气瓶颜色标志》GB/T 7144—2016）

混合气体主要危险特性	头色		体色	字色 环色
	上	下		
燃烧性	R03 大红		B04 银灰	R03 大红
毒性	Y06 淡黄			Y06 淡黄
氧化性	PB06 淡（酞）蓝			PB06 淡（酞）蓝
不燃性（一般性）	G05 深绿			G05 深绿
燃烧性和毒性	R03 大红	Y06 淡黄		R03 大红
毒性和氧化性	Y06 淡黄	PB06 淡（酞）蓝		Y06 淡黄

C. 常见气瓶的定期检验周期（参考标准：《气瓶安全技术规程》TSG 23—2021）

气瓶品种	介质、环境		检验周期（年）
钢制无缝气瓶、钢制焊接气瓶（不含液化石油气钢瓶、液化二甲醚钢瓶）、铝合金无缝气瓶	腐蚀性气体、海水等腐蚀性环境		2
	氮、六氟化硫、四氟甲烷及惰性气体		5
	纯度大于或者等于99.999%的高纯气体（气瓶内表面经防腐蚀处理且内表面粗糙度（Ra）达到0.4以上）	剧毒	5
		其他	8
	混合气体		按混合气体中检验周期最短的气体特性确定
	其他气体		3
低温绝热气瓶（含车用气瓶）	液氧、液氮、液氩、液化二氧化碳、液化氧化亚氮气、液化天然气		3
溶解乙炔气瓶	溶解乙炔		3

2. 气瓶的搬运与运输

（1）搬运。

搬运气瓶时要小心谨慎，轻搬轻放，避免碰撞和跌落；禁止使用肩扛或横在地上滚动的方式搬运气瓶，应使用专用手推车或担架搬运；搬运过程中，气瓶上的安全帽应旋紧，以防阀门偶然转动。

（2）运输。

运输前，应检查瓶嘴气阀安全胶圈是否齐全，瓶身、瓶嘴是否有油类等；装卸时，瓶嘴阀门应朝同一方向，防止互相撞击；不准装运其他可燃气体或混装不同性质的气体。

3. 气瓶的使用

（1）开启与关闭。

开启气瓶时，应站在气压表的一侧，缓慢打开气瓶阀门和减压阀，以防气体冲出伤人；关闭气瓶时，应先关闭减压阀，再关闭气瓶阀门，并放出减压阀内的余气；注意阀门开关方向，一般顺时针方向为关，逆时针方向为开。

（2）检漏。

使用前，应用肥皂水（不适合氧气检漏，因为氧气易与有机物质反应发生危险）或仪器厂家提供的检漏液（图7-49），在接口、手轮阀杆处和减压阀处测试是否存在漏气的情况。如果检漏液接连不断地出现气泡，则说明该处漏气，应更换漏气部件或补漏。

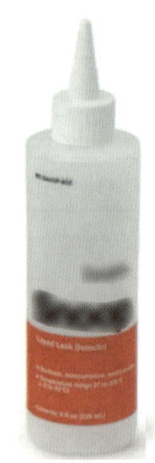

图7-49　气体泄漏专用检漏液

气瓶使用的注意事项如下：

气瓶内气体不可用尽，以防倒灌。惰性气体气瓶应剩余0.05 MPa以上压力，氢气气瓶应剩余2.0 MPa以上压力。

各种气压表一般不能混用；气瓶应专瓶专用，不能随意改装。

氧气瓶严禁有油污，注意手、扳手或衣服上的油污。

使用中应定期检查阀门及管线，确保无泄漏。

4. 应急处置

（1）气体泄漏。

若发现气体泄漏，应立即关闭气源，迅速引导泄漏污染区人员撤离至上风处，并进行隔离。

根据气体性质采取适当的应急处理措施，如通风、稀释、溶解等。若泄漏的气体为易燃易爆气体，需注意不要有明火，不要开灯，不要使用手机，如无处置经验应立即关闭气源，开窗通风，迅速引导人员撤离到安全地点，并请求专业人员进行处置。

（2）火灾与爆炸。

若发生火灾或爆炸事故，应立即启动应急预案，迅速报警并组织人员疏散。

使用适当的灭火器材进行初期灭火，如沙土、二氧化碳灭火器等。

5. 其他注意事项

严禁非操作人员接触气瓶及相关阀门。

定期进行安全培训和演练，提高实验人员的安全意识和应急处理能力。

保持实验室通风良好，避免气体积聚。

7.3 高温设备安全操作规程

实验室中常用的高温设备包括管式炉、马弗炉、烘箱、水浴锅、油浴锅等。这些高温设备如果使用或处置不当将成为实验室中的风险隐患甚至可能引发安全事故。

案例7-4

油浴锅无人值守冒烟起火

2021年4月20日，青岛某大学一实验室使用二甲基硅油作为介质进行油浴锅加热实验，温度设定为100℃，实验中途人员离开，油浴锅产生烟雾引发烟感报警。

同年6月，该校化工学院研究生在未向导师、相关部门报备的情况下，违规开展过夜实验，实验中途人员离开，随后油浴锅温度失控起火，并触发烟感报警。

所幸消控室值班人员及时赶到扑灭火情，以上两起事件未引发更为严重的后果。事后学校对涉事师生进行通报批评并采取相应的处罚措施。

开展高风险实验时的安全注意事项如下：

①对于高温设备应制定安全操作规程，并在周边醒目位置张贴高温警示标识，并有必要的防护措施。

②无人监管的情况下，应切断实验设备电源。

③开展危险性实验（如涉及高温、高压、高速运转等条件）时必须有两人在场，实验时人员不能脱岗。

④使用烘箱、电阻炉、油浴锅等加热设备时须有人值守或每10～15 min检查一次。

⑤学校原则上不允许开展过夜实验，确有需要的应提前报备审批。

7.3.1 高温管式炉

高温管式炉（图7-50）是一种用于在实验室或工业车间中进行高温处理的加热设备，其核心结构为耐高温材质的管式炉腔（如石英、刚玉或金属合金），通过电阻加热元件加热（如硅钼棒、硅碳棒）或感应加热的方式，在可控气氛（如惰性气体、真空或反应性气体）下实现样品的高温处理。

高温管式炉安全使用的注意事项如下。

(1)电炉的放置环境要求没有易燃易爆物品、腐蚀性危险气体等,保持炉外易散热。

(2)严禁在炉管100℃以上进出料或者为快速降温打开炉盖,应使炉膛自然冷却之后再进行操作。

(3)若是在通气的情况下使用,则应随时注意调节气流大小使之保持稳定,并且在出气口位置设置防倒吸装置以及尾气收集装置。

(4)炉体升温吸收大量的热量,因此,低温段的升温速率不宜过大。设定升温速率时,应充分考虑烧结材料的物理化学性能,避免发生剧烈反应而使管内压力过大产生危险。

图7-50　高温管式炉

(5)若高温管式炉使用的是刚玉管,需要用支撑架支撑刚玉管两端的法兰,避免刚玉管在高温下由于压力出现弯曲或断裂。

(6)应定期检查温控系统电气连接部位是否接触良好,特别注意发热元件的连接点是否紧固。

7.3.2　马弗炉

马弗炉也称为高温电炉,常用于称量分析中的灼烧沉淀、测定灰分等工作。

热力丝马弗炉的最高使用温度为950℃,短时间内的使用温度可以为1000℃。硅碳棒马弗炉的发热元件是炉内的硅碳棒,最高使用温度为1350℃,常用工作温度为1300℃。根据使用需求,马弗炉又分为固定温度升温和程序温度升温两种类型。

马弗炉的炉膛是由耐高温而无涨缩碎裂的氧化硅结合体制成的。炉膛内外壁之间有空槽,炉丝串在空槽中,炉膛四周都有炉丝,如图7-51所示。所以,通电以后,整个炉膛周围被均匀加热而产生高温。

硅碳棒马弗炉的发热元件硅碳棒(一般配铂-铂铑热电偶)分布在炉膛两侧。硅碳棒马弗炉炉膛的外围包覆耐火砖、耐火土、石棉板等,以减少热量的损失。炉体外壳包上带角铁的骨架和铁皮,炉门用耐火砖制成,中间开一个小孔,嵌一块透明的云母片,用于观察炉内升温情况。当炉膛内呈暗红色时,炉内温度为600℃左右;呈深桃红色时,为800℃左右;呈浅桃红色时,为1000℃左右。

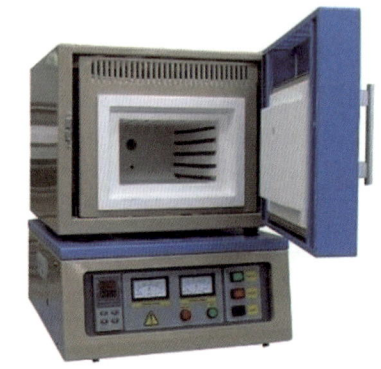

图7-51　马弗炉

1. 马弗炉及其内部元件工作原理

马弗炉普遍通过温度控制器控制温度。温度控制器主要是由一块毫伏表和一个继电器组成，连接一支相匹配的热电偶进行温度控制，其接线如图7-52所示。

热电偶随着炉温的变化产生不同的电势，电势的大小在控制器表头上显示。当指示温度的指针（上指针）慢慢上升，与事先调好的控制温度指针（下指针）相遇时，继电器立即切断电路，停止加热。当温度下降，上下指针分开时，继电器又使电路重新接通，电炉又继续加热。如此反复动作，就可达到自动控温

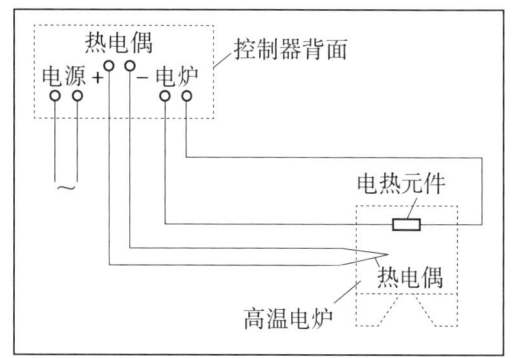

图7-52 温度控制器接线示意图

目的。一般在灼烧前，将控温指针拨到预定温度的位置，电炉达到预定温度时开始计算灼烧时间。

热电偶工作的原理是：用两条不同金属的导线连成一个闭合电路，在其中一个接点加热，另一接点处于不加热（冷点）状态，由于不同金属中的电子浓度和运动速度不同，就产生了电子扩散现象，在闭合电路中就形成了电流，产生了温差电动势。这两种不同金属所接成的电路称为热电偶。把一个毫伏表接在热电偶两端用以测量温差电动势的大小，冷点和热点温差越大，毫伏数越大。按照所配用的热电偶的特性将毫伏表上的刻度划成相应的温度数值，便于直接读出温度值。

2. 马弗炉安全使用的注意事项

（1）马弗炉用电量大，要有专用电闸控制电源。应将热电偶棒从马弗炉背后的小孔插入炉膛内，将热电偶的专用导线接至温度控制器的接线柱上。注意正、负极不要接错，以免温度指针因反向而损坏。查明电炉所需电源电压，配置功率合适的插头、插座和保险丝，并接好地线，避免危险。炉前地上应铺一块厚胶皮布，这样操作时较安全。

（2）马弗炉必须放置在稳固的水泥台上，炉膛内要保持清洁。工作环境要求相对湿度不超过85%，周围禁止存放易燃、易爆物品，环境中没有导电尘埃、爆炸性气体和腐蚀性气体。

（3）禁止向炉膛内直接灌注各种液体及熔解金属；炉内不可对易燃、易爆品进行烘烤，不可对挥发性的腐蚀物质进行加热；灼烧样品时应严格控制升温速度和最高炉温，避免样品飞溅后腐蚀、污染炉膛。

（4）新炉应先在低温下烘烤数小时，以免炸膛；使用时要轻关炉门，以防损坏机件；热电偶不要在高温时骤然拔出，以防外套炸裂。不宜在高温下长期使用马弗炉，以保护炉膛。

（5）灼烧完毕后，应先拉下电闸，切断电源。但不应立即打开炉门，以免炉膛骤然受冷碎裂。待温度降至200℃以下，可先开一条小缝，炉膛降温后，方可打开炉门，最后用长柄坩埚钳取出被烧物件。加热后的样品应转移到干燥器中冷却，并放置到缓冲耐火材料上，防止吸潮炸裂。

（6）使用时炉膛温度不得超过最高炉温，也不得在额定温度下长时间工作。实验过程中，使用人不得离开，随时注意温度的变化，如发现异常情况，应立即断电，并由专业维修人员检修；在使用马弗炉时，要经常照看，防止自控失灵，造成电炉丝烧断等事故。晚间无人值守时，切勿启用马弗炉。

（7）马弗炉不工作时，应切断电源，并将炉门关好，防止耐火材料受潮气侵蚀。搬运马弗炉时，注意避免严重共振。严禁抬炉门，避免炉门损坏。不超期使用马弗炉（一般使用期限控制为12年），如超期使用须经审批。

7.3.3 烘箱

烘箱（图7-53）是一种通过电加热或气体加热方式，在封闭箱体内产生恒定温度环境，用于烘干、固化、灭菌或老化测试等过程的设备。其主要通过热风循环、辐射加热或真空干燥等方式实现均匀控温。

图7-53　烘箱

烘箱安全使用的注意事项如下。

（1）烘箱应安放在干燥、水平的环境中，避免振动和腐蚀。放置环境要求无易燃易爆物品、腐蚀性危险气体等。

（2）要注意安全用电，根据烘箱耗电功率安装匹配的电源，选用合适的电源导线，并确保接地良好。

（3）试品排列不能太密；散热板上不应放置试品，以免影响热气流向上流动；使用人员在确定物料属性后方可进行烘焙，纸片、标签、胶瓶、塑料杯等常见易燃物禁止入箱；禁止放入易燃、易爆、易挥发及有腐蚀性的物品；为防止烫伤，取放试品时要用专门的工具。

（4）烘干洗净的仪器时，应控水后再放入烘箱。

（5）有鼓风的烘箱，在加热至恒温的过程中必须开启吹风机，否则会影响温度的均匀性，损坏加热元件。

（6）烘箱工作完毕后应及时切断电源，确保安全；使用时，温度不要超过烘箱的最高使用温度。

（7）保持箱内清洁，避免所干燥物品交叉污染。

7.3.4 电热恒温水浴锅

电热恒温水浴锅（图7-54）常用于蒸发和恒温加热，一般都采用水槽式结构。电热恒温水浴锅分内外两层，内层的内胆用铝板或不锈钢板制成。胆内底部设有电热管和托架。电热管是铜质管，管内装有电炉丝并用绝缘材料包裹，有导线连接温度控制器。外壳用薄钢板制成，外壳与内胆之间填充石棉等绝热材料。水浴锅用电热加温，电源电压为220 V。除了普通的电热恒温水浴锅外，有些用于精密试验的超级恒温水浴锅用电动循环泵进行搅拌，有良好的自动控温系统，恒温波动度为 ±0.05℃。

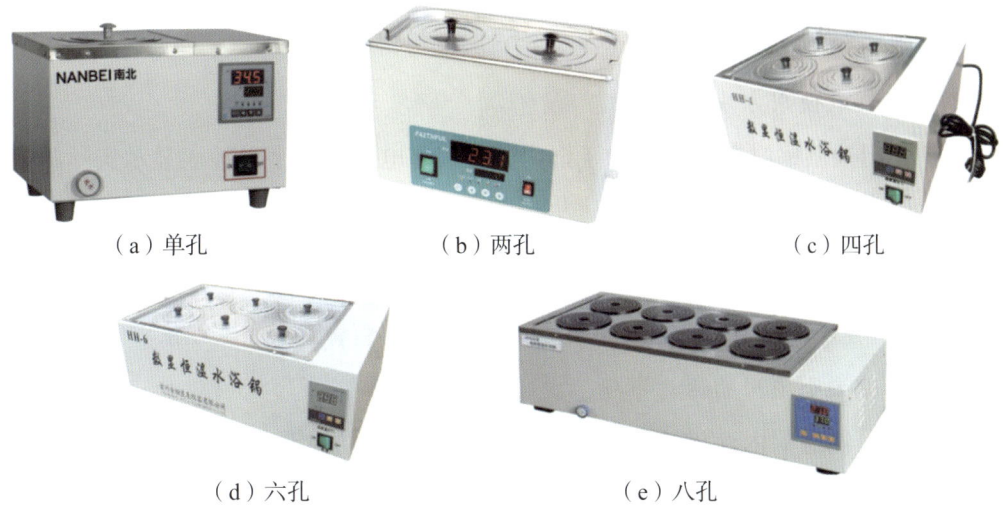

图 7-54 电热恒温水浴锅

1. 水浴锅的使用方法

（1）关闭放水阀门，将水浴锅内注入清水（最好用纯水）至适当的深度，一般不超过水浴锅容量的三分之二。

（2）将电源插头接在插座上，并在插座的粗孔安装地线。

（3）开启电源开关接通电源，调节调温控制按钮以设定温度。

（4）温度上升至设定温度时红灯熄灭，此后红灯不断熄亮，表示恒温控制器工作。

2. 水浴锅安全使用的注意事项

（1）切记水位一定保持不低于电热管，否则会烧坏电热管，也不可超过水浴锅容量的三分之二，防过量溢出；

（2）控制箱内部不可受潮，以防漏电和损坏控制器；

（3）使用时应注意水箱是否有渗漏现象。

7.3.5 电热恒温油浴锅

油浴锅和水浴锅构造相似，只是加热介质由水变成了油。电热恒温油浴锅在实验室中的应用非常广泛，是一种常用的高温恒温设备，它采用高温加热管对导热油进行加热，再通过精密的温控仪表对温度进行精确的控制。要根据温度和实验要求选定油浴锅所使用的油，对于低温实验（＜150℃），推荐使用甘油（沸点 290℃，闪点 160℃）或矿物油（如石蜡油，闪点 160～200℃）。

注意：甘油黏度大，适用于精确控温，但需防潮解。

对于中温实验（150～250℃），推荐使用硅油（闪点 300～350℃）或高闪点矿物油（如某些变压器油，闪点 ≥ 200℃），避免使用植物油（氧化风险高）。

对于高温实验（250～350℃），必须使用专用高温硅油（如二甲基硅油，闪点 ＞ 300℃，热稳定性好），严禁使用任何植物油（橄榄油/棉籽油/麻油）或普通矿物油。

对于极端高温（>350℃），建议改用金属浴（低熔点合金）或砂浴，任何油浴介质在此温度下均有严重安全隐患。

1. 油浴锅的使用方法

（1）使用油浴锅时必须先加油于锅内，再接通电源；数字温控表显示实际测量温度，调节旋钮开关以控制温度。

（2）观察油温读数，当设定温度值超过油温时，加热指示灯亮，表明加热器已开始工作；当油温达到所需温度时，恒温指示灯亮，加热指示灯熄灭。

（3）应注意不能使电热管漏出油面，以免烧坏电热管，造成漏电现象。

2. 油浴锅安全使用的注意事项

（1）在向油浴锅内注入液体时，要控制液位，严防过量溢出，当实验温度达到300℃时，液位应控制在容积的80%左右。

（2）禁止使用可燃性、挥发性强的油，要根据实验要求确定所使用的油。实验温度必须低于油品闪点至少20~30℃。定期更换老化油品。

（3）不要在通风换气差的场所使用油浴锅；油浴锅应远离火源和易产生电火花的地点，以免引发火灾。

（4）禁止在无油的情况下空烧油浴锅，以免引起漏电、发生火灾、烧坏加热管。

（5）禁止用湿手在湿气过多的地方操作油浴锅，有漏电触电的危险。

（6）油浴锅必须有接地插头。

7.4 低温设备安全操作规程

7.4.1 冰箱

冰箱应放置在通风良好处，周围不得有热源、易燃易爆品、气瓶等，且保证一定的散热空间。放于冰箱和冰柜内的所有容器须密封，定期清洗冰箱及清除不需要的样品和试剂。严禁在冰箱和冰柜内存放个人食品。

危险化学品须贮存在防爆冰箱或经过防爆改造的冰箱内。存放危险化学品的冰箱应粘贴警示标识。存放于冰箱的强酸强碱及有腐蚀性的物品必须用耐腐蚀的容器盛装，并且存放于托盘内。存放在冰箱内的试剂瓶、烧瓶等重心较高的容器应加以固定，防止开关冰箱门时容器倒伏或破裂。

7.4.2 液氮罐

液氮罐是一种专门用于安全储存和运输液态氮（-196℃）的超低温容器，是生命科学和医疗领域的关键基础设施。其设计基于真空绝热原理，通过结合物理隔离与材料科学，实现了极端低温环境的高效维持。液氮罐的安全使用要点如下。

1. 穿戴防护装备

操作前应穿戴合适的防护手套（建议使用防渗漏的低温手套）、护目镜、防护面罩、长袖工作服以及长筒靴等，以防止液氮飞溅或直接接触皮肤导致冻伤。严禁佩戴手表、戒指等可能妨碍操作或造成安全隐患的物品。

2. 检查设备

检查液氮罐的外观是否有损坏、变形或泄漏迹象；确保液氮罐的阀门、压力表、液面计等部件正常工作，无异常；检查液氮罐的密封性能，确保无泄漏。

3. 谨慎操作

取放冷藏物品时，应细心谨慎操作，避免液氮飞溅伤人；垂直地轻轻取下盖塞和提起提筒，避免撞击颈管造成损坏；取放完毕后，立即将提筒与盖塞轻轻复位，缩短瓶口开放时间以减少液氮蒸损。在操作时应避免产生静电火花等可能引发爆炸的因素。在使用液氮罐时应避免剧烈振动和碰撞，以免影响其密封性能和使用寿命。

4. 定期检查与维护

在使用过程中，应定期检查液氮罐的密封性能和外观状况，确保安全可靠；使用刻度尺或专用工具检查液面高度，确保液氮充足且不超过安全线。定期对液氮罐进行维护和保养，包括检查阀门、压力表、液面计等部件的工作状态。遵照使用说明书维护设备，确保设备处于良好状态。

5. 及时补充液氮

当液氮蒸损至冷藏物将要露出液面时，应及时补充液氮以确保冷冻效果。

6. 清洁仪器

每次取用物品后，应及时关闭仪器盖子并擦拭仪器表面，保持干燥清洁。若容器污染，可用纯净水清洗，但用水不要太多以免损坏容器。

7. 安全存放

液氮罐应存放在阴凉干燥处，避免阳光直射；存放处周围不得有易燃易爆物品和热源。

8. 应急处理

制定应急预案以应对可能的液氮泄漏、冻伤等紧急情况。一旦发生液氮泄漏或其他事故应立即关闭阀门并采取相应处理措施。

7.5 高速设备安全操作规程

高速离心机（图7-55）是利用离心力分离液体与固体颗粒或液体与液体混合物中各组分的仪器。高速离心机转动速度快，要特别防止在运转期间，因离心机不平衡或吸垫老化，离心机边工作边移动，以致从试验台上掉落；或因离心机未盖盖子，离心管因震动而破裂，玻璃碎片旋转飞出，造成安全事故。

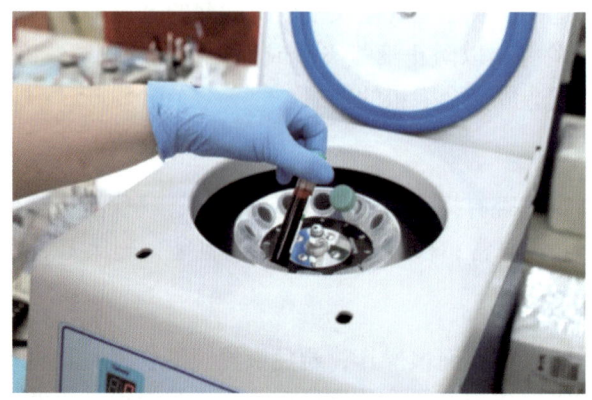

图7-55 高速离心机

1. 操作前准备

（1）穿戴防护装备：操作人员应穿戴好实验服，严禁穿着拖鞋、高跟鞋。同时，根据需要佩戴手套和防护眼镜，以防离心管破裂或泄漏造成伤害。

（2）阅读使用说明书：详细阅读并理解高速离心机的使用说明书，充分了解设备的操作原理、性能参数、安全警示等。

（3）检查设备状态：在使用前，将离心室腔内的异物取出，检查转子体是否正确安装在转子座上，严禁离心机在无转子的情况下高速运转；仔细检查高速离心机的各项指示灯是否正常，确认电源插头是否牢固地插入插座，并确保电源有可靠的接地。检查转子及离心管是否有纹裂、腐蚀等老化现象，如有，必须立即更换，严禁使用有裂纹或被腐蚀的转子。

（4）妥善放置：离心机必须放置在坚固、防震、水平的台面上，并确保四只机脚受力均衡；确保待离心的样品在离心管中分布均匀，且离心管在转头内对称放置，以防止因重量不均导致离心机震动或损坏。

2. 操作过程

（1）打开电源：打开高速离心机的电源开关，确保电源正常。

（2）设置参数：根据实验要求选择合适的转速和时间，并调整好转子的位置。严格按转子允许的转速设置转速。

（3）放置样品：将待离心的样品小心放入离心管中，注意离心管的平衡性。离心管必须对称，防止机身振动，若只有一支样品管，另一支要用等质量的水替代。若要在低于室温的温度下离心，在使用前应将转头置于离心机的转头室内预冷。

（4）关闭盖子：关闭离心机的盖子，并确保盖子锁定牢固。

（5）启动离心机：按下启动按钮，离心机开始运转。在离心机运转过程中，操作人员应保持清醒状态，不可饮酒或服用镇定药物，并密切监控离心机的运行状态。

在离心机运转时，严禁打开离心机盖子或触摸旋转部件，以免发生危险。同时，保持机器周围的通道畅通无阻，避免堆放杂物。切勿在离心机上放置装有液体的容器，若容器被打翻，液体可能进入离心机锈蚀其机械部件和电气部件。

3. 操作后处理

（1）等待停机：离心结束后，等待离心机自然停止运转，切勿强行停机。

（2）取出样品：待离心机完全停止后，打开盖子并小心取出离心管。注意避免离心管与转子碰撞或滑落。

（3）清理设备：清理离心机周围的杂物和离心管内的残留物，保持设备的整洁和卫生。

（4）记录数据：记录转速、时间、温度等参数以及任何异常情况，以便后续分析和改进。

4. 注意事项

（1）避免超载：使用离心机时，严禁超过其最大容量或额定转速，以免损坏设备或造成安全事故。

（2）定期检查：定期对高速离心机进行检查和维护保养，包括检查电源线、插头、轴承、密封圈等部件的磨损情况并及时更换损坏的部件。

（2）专业培训：操作人员需接受专业培训并熟悉设备的操作方法和安全注意事项后才能上岗操作。

（4）应急处置：电动离心机如有噪声或机身振动时，应立即切断电源并联系专业维修人员进行检修。切勿私自拆卸或修理设备，以免造成更大的损失或危险。

7.6 放射性设备安全操作规程

放射性设备有辐照装置，如 γ 辐照器、电子直线加速器（产生 X 射线/电子束）；核分析设备，如 X 射线衍射仪（XRD）、X 射线荧光光谱仪（XRF）、中子活化分析仪（NAA）；放射性标记实验设备，如液体闪烁计数器（测量低能 β 射线）、放射自显影系统（如磷屏成像仪）。

环境类实验常用的放射性设备有 X 射线衍射仪（XRD），X 射线荧光光谱仪（XRF），如图 7-56 所示。长期反复接受 X 射线照射的人员会出现疲倦、头痛、白细胞减少等状况，因此使用有 X 射线发生装置的仪器时需要避免身体各部位直接受到 X 射线照射。

放射性设备安全操作的注意事项：

①应在含有放射性物质的设备及射线装置上张贴警示标识。

②在室内使用含有放射源的设备时，应开窗通风，通过空气过滤除尘，减少空气中放射源释放出的能量浓度；应佩戴手套、穿戴防护装备进行操作。

③避免直接接触放射源核素，应将放射源核素放在密封的容器内操作。

④针对不同放射源，采取不同的屏蔽措施，以遮挡放射源发出的射线对人体造成的辐射：针对 α 射线，需要佩戴 N95 口罩，避免产生气溶胶，并在手套箱或通风橱中进行相关操作；针对 β 射线，可采用 5~10 mm 厚有机玻璃或者 1~2 mm 厚铅板进行屏蔽；

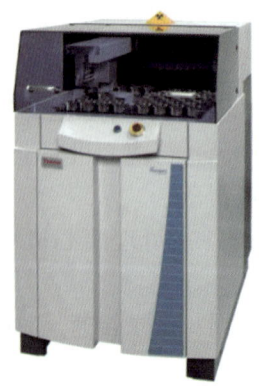

（a）X射线衍射仪　　　　　（b）X射线荧光光谱仪

图7-56　放射性设备

针对γ/X射线，需采用5～10 cm铅砖进行屏蔽。

⑤实验前，要认真研究实验步骤，并做好充分的准备，注意尽量缩短发射X射线的时间。

⑥装置出现异常或发生事故时，要立刻停止发射X射线，并向装置的负责人报告并接受指示。

⑦使用X射线的人员，要定期进行健康检查。

在使用射线装置的场所，为避免人为误操作或意外照射，需采取多层次防护措施，涵盖工程控制、管理程序、个人防护及应急响应。

7.6.1　工程控制

1. 联锁装置

门机联锁：射线装置运行期间，若防护门被打开，立即自动切断射线输出（如X射线衍射仪、CT机房）。

紧急停机按钮：醒目位置设置红色急停开关，一键切断电源。

2. 屏蔽设计

固定屏蔽体：混凝土墙、铅玻璃观察窗。

可移动屏蔽：铅屏风。

3. 警示系统

声光报警：射线发射时触发闪烁红灯和蜂鸣声。

状态指示灯：明确显示"射线开/关"状态。

4. 钥匙控制

主控钥匙：只有授权人员可启动设备（钥匙与门锁联动）。

多级权限：高危险操作需双人确认（如核医学PET-CT）。

7.6.2 管理程序

1. 安全操作规程

标准化流程（SOP）：明确开机、调试、关机步骤，禁止跳过安全检查。
双人操作：高活度源处理需两人在场，互相监督。

2. 培训与授权

持证上岗：操作人员需通过辐射安全培训（如《辐射工作人员合格证》）。
定期复训：每2年更新知识（包括应急演练）。

3. 工作区域划分

控制区：仅限授权人员进入（如贴辐射标志，设门禁）。
监督区：公众禁止停留（如X射线探伤现场警戒线）。

4. 剂量监测

实时监测：安装固定式剂量率仪（超标自动报警）。
个人剂量计：操作人员佩戴TLD或电子剂量计（每月读数存档）。

7.6.3 个人防护

1. 基础防护

基础防护装备包括铅橡胶围裙（0.5 mm铅当量，用于医用X射线）、铅玻璃眼镜（防散射X射线）。

2. 特殊场景

中子防护场景下，须穿着含硼聚乙烯防护服（用于反应堆或 ^{241}Am-Be源操作）。手套箱操作场景下，须戴好气密式手套（处理开放型放射源）。

7.6.4 应急响应

1. 应急预案

明确意外照射、设备故障、源泄漏等场景的处置流程；配备应急包（含辐射检测仪、去污试剂、急救药品）。

2. 紧急处置

意外照射：立即撤离，报告辐射防护负责人。
源卡滞：使用长柄工具远程处理，禁止徒手操作。

3. 事后处理

记录事件细节，上报生态环境部门；受照人员做好医学随访（如染色体畸变分析）。

7.7 通风柜安全操作规程

通风柜（图7-57），也称为化学通风柜或实验室通风柜，是一种用于控制有害气体、蒸气或粉尘扩散的关键实验室设备。其核心功能是通过负压抽排系统，将实验过程中产生的危险物质与操作者隔离，保障人员安全和环境清洁。

通风柜内要保持整洁，不得大量长时间存放化学品。使用前，检查通风柜内的抽风系统和其他功能是否运作正常。

图7-57 通风柜

进行实验时，通风柜视窗应处于半开状态（下沿至使用者手肘处），可以保障使用者胸部以上的安全。最高安全操作高度一般为视窗下沿距离台面45～50 cm处。应在距离通风柜内至少15 cm的地方进行实验操作；操作时应尽量减少在通风柜内以及调节门前进行大幅度动作，减少实验室内人员移动。

无需动手操作时，将通风柜视窗降至最低操作高度（一般为视窗下沿距离台面10～15 cm处）。这样既可以防止有害气体泄漏逸出，保护实验人员免受有毒物质的伤害，也可以最大限度减少通风柜的能源消耗。

切勿在通风柜内储存会伸出柜外或妨碍视窗开合或者会阻挡导流板下方开口处的物品或设备。切勿用物件阻挡通风柜口和柜内后方的排气槽；确需在柜内储放必要物品时，台面上放置的实验物品占有的总面积不超过台面板面积的50%。放置的物品应距离视窗内侧15 cm以上，以防止被碰倒、打翻等意外发生。放置的物品应距离背面导流板10 cm以上，避免阻挡导流板进风口，影响排风效果。不能将一次性手套、纸巾、塑料袋等遗留在通风柜内，以免堵塞排风口。不在通风柜内堆放与实验无关的物品，勿将通风柜用于存储试剂，应将其垫高置于左右侧边上，同通风柜台面隔空，以使气流能从其下方通过，且远离污染产生源。

每次使用完毕，必须彻底清理工作台和仪器。对于被污染的通风柜应挂上明显的警示牌，并告知其他人员，以免造成不必要的伤害。如遇化学品溢出或火灾等紧急情况，应迅速关闭视窗，实施相应安全措施，报实验室安全负责人。若通风柜出现故障，立即停止使用，关闭视窗，及时报修。人员不操作时，应确保视窗处于关闭状态。定期检测通风柜的抽风能力，保持其通风效果。

第8章 实验废弃物收集与处置

实验废弃物是指教学、科研和其他各项活动中产生的"三废"——废气、废液、固体废物。环境类实验室产生的实验废弃物主要有八大类，包括桶装废液（无机废液、有机废液、酸性废液、碱性废液、强氧化性废液）、实验垃圾（含有或直接沾染危险废物的实验室检测样品、废弃包装物，如离心管、手套、口罩、试纸、枪头等）、废弃化学试剂（指过期或不再使用的原装试剂和实验原料）、废弃容器（曾盛装化学试剂、溶液的空瓶，废弃不用的烧杯、锥形瓶试管等）、碎玻璃、利器（如刀片、镊子、针头等）、废活性炭、废电池等。实验废弃物虽然数量较少，但其种类多、成分复杂，具有多重危害性，如易燃、易爆、腐蚀性、毒性等。由于不便于集中处理，实验室废弃物处理成本高、风险大。因此，加强对实验室废弃物的管理，正确收集与处理实验废弃物尤为重要。

我国通过颁布了多项法律法规，保障和规范实验室废弃物的管理，如《中华人民共和国环境保护法》《中华人民共和国废弃物污染环境防治法》《中华人民共和国水污染防治法》《病原微生物实验室生物安全环境管理条例》《废弃危险化学品污染环境防治办法》。处理实验废弃物的一般程序可分为下述四步：鉴别废弃物及危害性；系统收集、储存实验废弃物；采用恰当的方法处理废弃物以及减少废弃物的数量；正确处置废弃物。

8.1 实验废弃物的鉴别与收集

8.1.1 实验废弃物的鉴别

实验废弃物及其危害性的鉴别对实验室废弃物的收集、储存、处理至关重要。了解实验室废弃物的组成及危害性可为正确处置这些废弃物提供必要的信息。实验过程中应注意熟悉各类物质的危害特性，并且养成标记已知成分废弃物的习惯。不论废弃物的量是多少，在盛放废弃物的容器上标明其成分、危害性及贮存时间，将为安全处置废弃物提供便利。不同的废弃物的收集、储存、处理的注意事项不同，可按照下图所示流程对实验室废弃物进行鉴别（图8-1）。

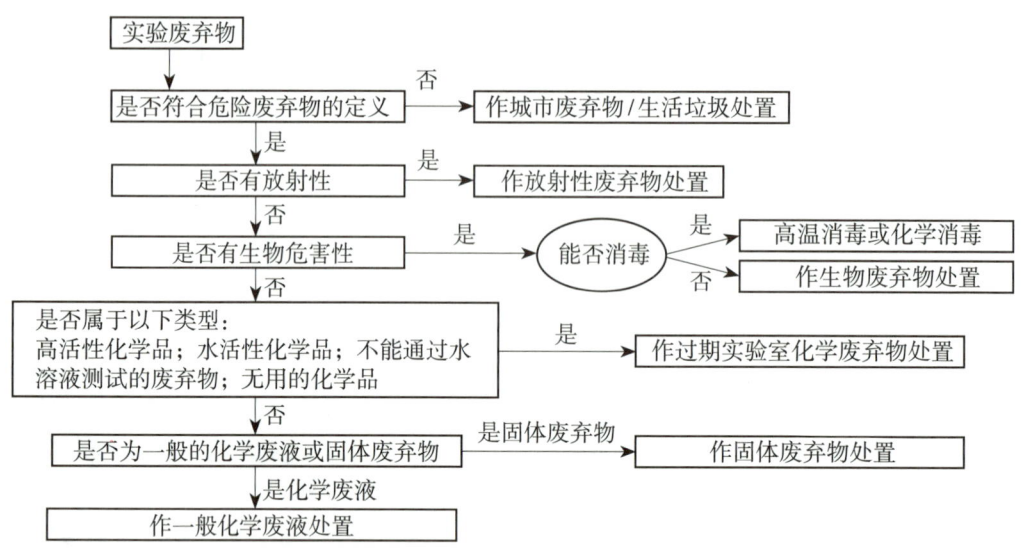

图 8-1 鉴别实验室废弃物的流程图

8.1.2 实验废弃物的收集与储存

收集与储存实验废弃物的基本原则是采用不同容器分别收集生活垃圾与实验废弃物，严禁将沾染了有害化学品的实验废弃物按照生活垃圾处理。收集实验废弃物时应做好个体防护，穿好实验服、佩戴口罩、护目镜、手套等个体防护用品，或在通风橱内操作。

1. 废弃物和原装化学试剂的收集

将废弃物装入纸箱内，用胶带横竖交叉封箱，并张贴已经填好危废信息的橘黄色危险废弃物标签。

原装化学试剂标签应清晰、完好，能够辨识化学品名称。用有隔板的纸箱将每瓶原装化学试剂隔开，避免在转移、运输过程中瓶体摩擦、碰撞导致瓶身破裂发生泄漏事故。同时，按照图 8-1 的鉴别流程对废弃物进行鉴别后，用不同的纸箱封装不同类别的原装化学试剂（图 8-2）。

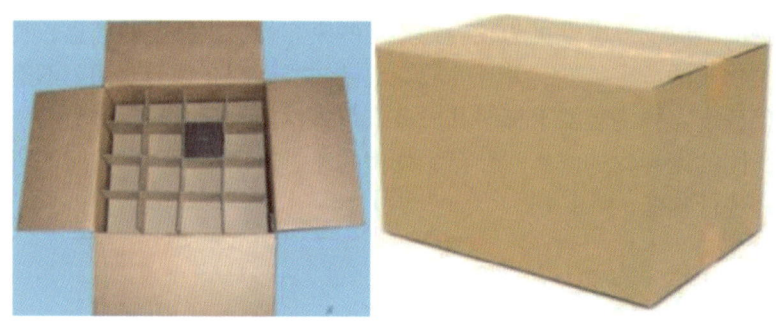

图 8-2 瓶装化学试剂及固体实验废弃物收集纸箱

纸箱上方应粘贴"实验室废弃物回收明细表"(表8-1)。严禁为了节省空间将纸箱叠放得过高,以免倾倒发生事故。

表8-1 实验室废弃物回收明细表

序号	实验室楼栋及房号	实验室负责人	联系电话	试剂名称	是否为来源不明的管制试剂	数量	单位
1							
2							
3							

如果化学试剂的标签脱落,应选择合适的检测手段鉴别该化学试剂,重新粘贴标签并附上检测报告封装于纸箱。瓶身及检测报告须分别编号,且一一对应。但考虑到未知试剂的危险性,建议对所有未知试剂进行专项回收,确保高效安全。

2. 废液的收集

严禁将不同类别的化学组分倒入同一废液收集桶(图8-3)内,应用不同颜色的废液收集桶收集不同种类的废液。回收前在废液桶上张贴橘黄色的危险废物标签,并确保标签信息完整。

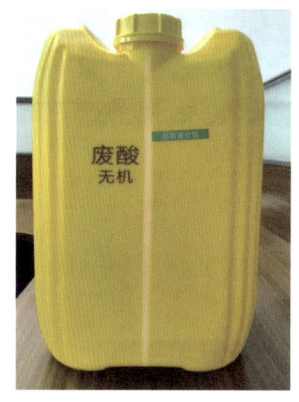

图8-3 废液收集桶

图8-4 利器盒

3. 利器的收集

应将金属利器收集于利器盒内(图8-4)。环境类实验室的利器较少,主要是针头,故平均每季度集中回收一次即可(或根据实验室反馈酌情安排回收)。

4. 收集容器的存放

收集容器存放地点应通风良好、安全,远离热源、插座,用警戒线划定专门区域。收集容器上粘贴明显的危险废物警示标识。

5. 设立专用化学废弃物暂存区域

实验室内部应规划并设立一个专用的化学废弃物暂存区域，此区域需严格遵循安全原则，选址远离一切火源、热源及任何可能与之发生不良化学反应的不相容物质。为确保废弃物存储环境的安全稳定，暂存区应避免直接阳光照射及雨水淋湿，同时需采取适当的遮蔽与防护措施。在暂存区内，若需同时存放两种或多种化学性质不相容的实验室危险废弃物，必须实施严格的分区管理，确保各类废弃物间保持足够的物理隔离，防止意外接触引发危险。

应在暂存区域设置醒目的警示标志，明确标识其用途及潜在危险，以提醒人员注意并遵守相关安全规定。此外，为防止废弃物遗洒或渗漏造成环境污染，暂存区还需配备完善的防遗洒、防渗漏设施或采取相应措施，如铺设防渗漏托盘、设置收集槽等（图8-5），确保废弃物的安全存储与管理。

图8-5　危险废物暂存区示例

6. 构建并标准化管理化学废弃物贮存站点

为确保化学废弃物的安全存储，学校应建立专门的化学废弃物贮存站，并严格遵守相关规范。贮存设施及场所需醒目地设置危险废物识别标志，以符合法规要求。所有存储装置的设计与建造需遵循《实验室废弃物存储装置技术规范》（GB/T 41962），特别是易燃废弃物的室外存储装置，单套装置内部面积应限制在 30 m^2 以内，高度不超过 3 m（允许尺寸误差不超过 10%），并在通风口处安装防火阀，确保公称动作温度为 70℃。此外，学校应制定详尽的管理方案，将贮存站的安全运行、实验室危险废物的出站转运等日常管理工作明确纳入相关人员的岗位职责中。同时，应制定应对意外事故的防范措施与应急预案，并向当地生态环境主管部门进行备案，以确保紧急情况下的有效应对。

7. 化学废弃物的合规转运流程

在化学废弃物的转运环节，学校应选择具备危险废物处置资质的专业厂家进行合作，并严格审查合作协议。建立并维护一套完整的危险废物管理台账，准确记录废弃物的种类、产生量、流向、贮存及处置等关键信息。在校外转运前，贮存站需采取妥善措施，严格管理实验室危险废物，防止其扬散、流失、渗漏或引发其他环境污染。转运人员应使用专用的运输工具，并根据运输废物的具体危险特性，携带必要的应急物资和个体防护装备，如收集工具、手套、口罩等，以确保转运过程的安全。此外，实验室危险废物的校外转运必须严格遵守国家相关规定，填写并提交危险废物电子或纸质转移联单。任何未经许可的单位和个人均不得擅自进行非法转运。

8. 实验废弃物的收集及存储的注意事项

（1）使用专门的储存装置，如桶装废液可以用能够显示液位线的废液收集桶（图8-3）盛装。

> **知识**
>
> 建议选择高密度聚四氟乙烯材质的废液收集桶。高密度聚四氟乙烯具有良好的性能，具体如下。
>
> （1）化学稳定性。
>
> ①耐腐蚀。高密度聚四氟乙烯具有极强的耐腐蚀性，几乎不受任何化学试剂的腐蚀，甚至在王水中煮沸后其重量及性能均无变化。除熔融的碱金属外，它几乎不溶于所有的溶剂，只在300℃以上稍溶于全烷烃（约0.1 g/100 g）。
>
> ②无毒害。高密度聚四氟乙烯具有生理惰性，无毒害，因此被广泛应用于医疗、食品加工等领域。
>
> （2）物理性能。
>
> ①耐高温。高密度聚四氟乙烯的长期使用温度范围为-200℃~+250℃。然而，由于高温裂解时可能产生有剧毒的副产物，如氟光气和全氟异丁烯等，因此需要特别注意做好安全防护并防止其接触明火。
>
> ②耐低温。在-100℃时高密度聚四氟乙烯仍能保持柔软性，全氟碳高分子的特点之一是在低温下不变脆。
>
> ③低摩擦系数。高密度聚四氟乙烯的摩擦系数极低，仅为聚乙烯的20%，这使得它成为理想的润滑材料，也常被用于制作不粘锅、烘焙模具等烹饪器具。
>
> ④不粘性。由于具有固体材料中最小的表面张力，高密度聚四氟乙烯几乎不黏附于任何物质，这一特性使其在食品加工、医疗植入物等领域得到广泛应用。
>
> （3）电性能。
>
> 高密度聚四氟乙烯是理想的C级绝缘材料，其介电常数和介电损耗在较宽频率范围内都很低，而且击穿电压、体积电阻率和耐电弧性都较高。一层报纸厚的高密度聚四氟乙烯就能阻挡1500 V的高压。

（2）相容（不互相反应）的废弃物可以收集在一起，不具相容性的实验废弃物应分别贮存。切勿将不相溶的废弃物放置在一起。

（3）将危险废物标签（图 8-6）牢固地贴在容器正面显眼位置。标签的内容包括废物名称、类别、形态、主要成分及有害成分、废物重量、注意事项、收集单位、联系人及联系方式、产生日期。

（4）避免废弃物存储时间过长。废弃物的储存时间一般不要超过一年，应及时作无害化处理或送专业部门处理。

（5）对于感染性废弃物或有毒有害生物性废弃物，应根据其特性选择合适的容器和地点，专人进行分类收集、消毒、烧毁处理，需日产日清。

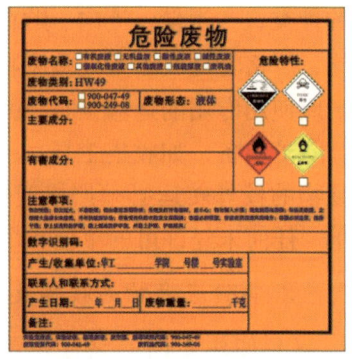

图 8-6　危险废物标签

（6）对于无毒无害的生物性废弃物，不得随意丢弃，应装入统一的塑料袋密封后贴上标签，存放在规定的容器和地点，定期集中深埋或焚烧。

（7）高危类剧毒品、放射性废物必须按照相关管理要求单独管理储存，单独收集清运。

（8）回收使用的废弃物容器一定要清洗后再用，废弃不用的容器也要作为废弃物处置。

8.2　化学废弃物的收集与处理

8.2.1　化学废弃物的范畴

化学废弃物的范畴如表 8-2 所示。

表 8-2　化学废弃物范畴表

镍及化合物	非卤代有机溶剂及其化合物	有机铅化合物
有机汞化合物	有机硒化合物	颜料
杀虫剂	制药产品和药品	除磷酸盐外的含磷化合物
硒化合物	银化合物	铊及其化合物
锡化合物	钒化合物	锌化合物
酸、碱金属和腐蚀性化合物	10%以上的乙酸	酸或酸性溶液，酸度相当于5%以上的硝酸溶液
10%以上的氨水	碱或碱性溶液，碱度相当于1%以上的氢氧化钠的碱溶液	1%以上的铬酸
5%以上的氟硼酸	10%以上的甲酸	5%以上的盐酸
0.1%以上的氢氟酸	8%以上的硝酸	5%以上的高氯酸
5%以上的磷酸	1%以上的氢氧化钾溶液	5%以上的活性氯

8.2.2 化学废弃物的安全收集与存储

1. 简易分类原则（图 8-7）

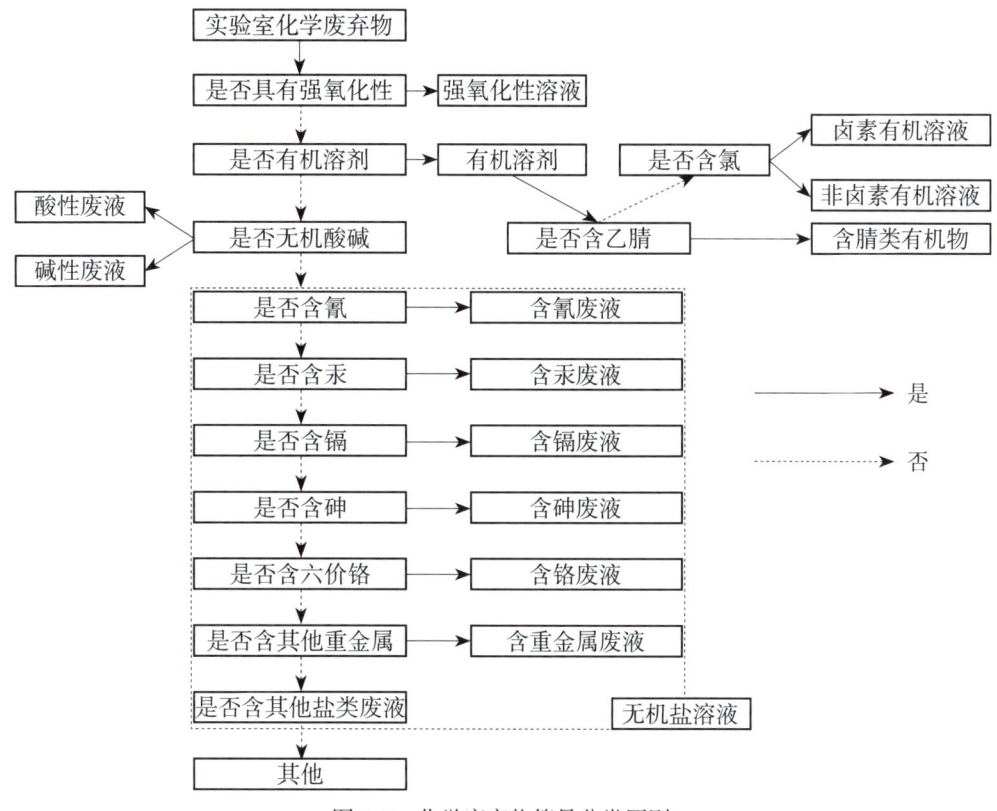

图 8-7　化学废弃物简易分类原则

2. 化学废弃物的存储

应选择合适的容器收集化学废弃物，容器存放地点有相应的警示标识（图 8-8）；废弃物容器标签应注明种类、时间；化学废弃物禁止混放，须分类收集、存放。

（1）卤代溶剂类废弃物容器：收集含卤的有机溶剂（如三氯甲烷、四氯乙烯、二氯甲烷等）和其他含卤的有机化合物。

图 8-8　化学废弃物存储地警示标识

（2）非卤代溶剂废弃物容器：收集不含卤的有机溶剂其他化合物，如丙酮、乙烷、石油醚。

（3）无机酸类废弃物容器：收集无机酸。应远离以下物质：活泼金属，如钠、钾、镁；氧化物及易燃有机物；混合后产生有毒气体的物质，如氰化物、硫化物、碳化物。

（4）碱类废弃物容器：收集氢氧化钠、氢氧化钾、氨水等，存储时应远离酸及一些性质活泼的物质。

（5）氰化物类废弃物容器：此容器中的废料务必保持强碱性，以免有氢氰酸气体逸出。

（6）氢氟酸类废弃物容器：若现场没有此类容器，且此废料量又少（小于无机酸废料体积的30%），可用无机酸废弃物容器代替。

（7）凝胶状废弃物容器：用来盛装凝胶废弃物，如聚丙烯酰胺或者琼脂糖凝胶。

（8）滑剂类废弃物容器：收集泵油、润滑剂、液态烷烃、矿物盐等。

（9）有机酸类废弃物容器：用来收集废有机酸。如有机酸的量较低（小于4 L/月），允许在非卤溶剂和卤代溶剂废弃物容器中处理。

表8-3 化学废弃物存储禁忌表

类别	定义	包装要求	禁忌
有机废液	（1）油脂类：由实验室产生的废弃油脂，如灯油、轻油、松节油、润滑油等。 （2）含卤素类有机溶剂类：由实验室所产生的废弃溶剂。该溶剂含有脂肪族卤素类化合物——如氯仿、氯代甲烷、二氯甲烷、四氯化碳；或含芳香族卤素类化合物，如氯苯、苯甲氯等。 （3）非卤素类有机溶剂类：由实验室所产生的废弃溶剂。该溶剂不含脂肪族卤素类化合物或芳香族卤素类化合物		不可混入酸、碱性物质，强氧化剂，碱金属如钠、钾，以及亚硫酸二甲酰、塑料、橡胶，或其他对处理过程造成妨碍的物质
废酸液	教学、科研活动产生的酸性废液，如硝酸、硫酸、盐酸等		不可混入碱性物质、金属、有机物质以及混入后会产生有毒气体的物质，如氰化物、硫化物、还原剂、氧化剂、爆炸物、溴化物、碳化物、硅化物、磷化物，或其他对处理过程造成妨碍的物质
废碱液	教学、科研活动产生的碱性废液，如氢氧化钠、氢氧化钾、氨水等		不可混入有机物质、酸性物质、金属、过氧化物或其他对处理过程造成妨碍的物质

续表

类别	定义	包装要求	禁忌
无机盐废液	（1）含重金属废液：由实验室所产生含有任一类重金属（如铁、钴、铜、锰、铅、银、锌等）的废液。 （2）剧毒类废液：含汞废液、含砷废液、含氰废液、含镉废液。 （3）含其他盐类废液		（1）含汞废液：避免混入有机物质、碱性物质、钾、钠、镁、锑、砷、硼砂、铜、铁、铅、蚁酸盐、硫酸盐、磷酸盐、次磷酸盐、碳酸盐、氨、硫化物、溴化物、生物碱盐、石灰水、单宁酸或其他对处理过程造成妨碍的物质。 （2）含氰废液：避免混入酸性物质、有机物质、强氧化剂（如硝酸盐、亚硝酸盐）、过氧化物及氯酸物、汞、氯、溴，以及会引起爆炸产生有害气体及恶臭的成分，或其他对处理过程造成妨碍的物质。 （3）含镉废液：避免混入有机物质、强酸、金属、金属盐、还原剂、磷或其他对处理过程造成妨碍的物质。 （4）含六价铬废液：避免混入有机物质、碱性物质、金属、金属盐、还原剂、磷、蚁酸盐、硫酸盐、磷酸盐、次磷酸盐、碳酸盐、氨、硫化物、溴化物、生物碱盐、石灰水、硼砂、单宁酸或其他对处理过程造成妨碍的物质，要针对此类物质设计专用的排放管道
强氧化性溶液	由实验室产生的强氧化性溶液：高锰酸钾、高氯酸、硫酸、硝酸、重铬酸钾、次氯酸钠、过氧化物（如H_2O_2）、过硫化物（如过硫酸钾）、次氯酸盐、硝酸盐、带有不饱和键的有机物等。其他有机物置于同一废液桶内		此类废液应单独倒入废液桶内，严禁与具有强还原性的物质、其他有机物置于同一废液桶内

8.2.3 化学废弃物的回收

（1）所有待回收的化学废弃物，均应妥善保管在实验室内，不可放置在过道、走廊等公共场所。

（2）所有待回收处理的化学废弃物均须有标签，瓶盖拧紧且外包装完好，桶装废液总量不要超过最高液位线（即桶总容量的四分之三），并在外包装上粘贴分类标签或回收明细表及橘黄色危险废物标签。

（3）回收前一日，将包装好的化学废弃物搬到指定危废暂存间（图8-9）。危废暂存间应具备通风、监控、防盗、防爆、门禁、消防、应急等功能，符合环保要求。化学废弃物应按照墙上分类标签指引摆放整齐。

废弃化学品回收流程示例见图8-10。

图8-9　实验室危废暂存间

```
┌─────────────────────────────────────────┐
│ 实验室与设备管理处通过招标确定回收公司，与回收公司 │
│         签订回收合同，并在环保局备案              │
└─────────────────────────────────────────┘
                    ↓
┌─────────────────────────────────────────┐
│ 回收申请单位统一将"废弃化学品回收申报表"报实验室   │
│               与设备管理处                      │
└─────────────────────────────────────────┘
                    ↓
┌─────────────────────────────────────────┐
│ 实验室与设备管理处审核回收申报表，无法回收的化学品予 │
│              以退回并作说明                     │
└─────────────────────────────────────────┘
                    ↓
┌─────────────────────────────────────────┐
│ 回收申请单位取出无法回收的化学品，包装完毕后贴上   │
│       "危险废物"专用标签以示确认，等待回收        │
└─────────────────────────────────────────┘
                    ↓
┌─────────────────────────────────────────┐
│ 实验室与设备管理处与回收公司确定回收日期，提交转移 │
│        联单申请，等待环保审批后，通知相关单位      │
└─────────────────────────────────────────┘
                    ↓
┌─────────────────────────────────────────┐
│ 回收申请单位提前将待回收废弃化学品称重，建立回收处 │
│             置台账并报实验室与设备管理处          │
└─────────────────────────────────────────┘
                    ↓
┌─────────────────────────────────────────┐
│    实验室与设备管理处、回收申请单位现场监督回收     │
└─────────────────────────────────────────┘
                    ↓
┌─────────────────────────────────────────┐
│     实验室与设备管理处与回收公司进行对账、报账      │
└─────────────────────────────────────────┘
```

图8-10　废弃化学品回收流程示例

8.3 放射性废弃物的处置

放射性废弃物处置流程见图8-11。

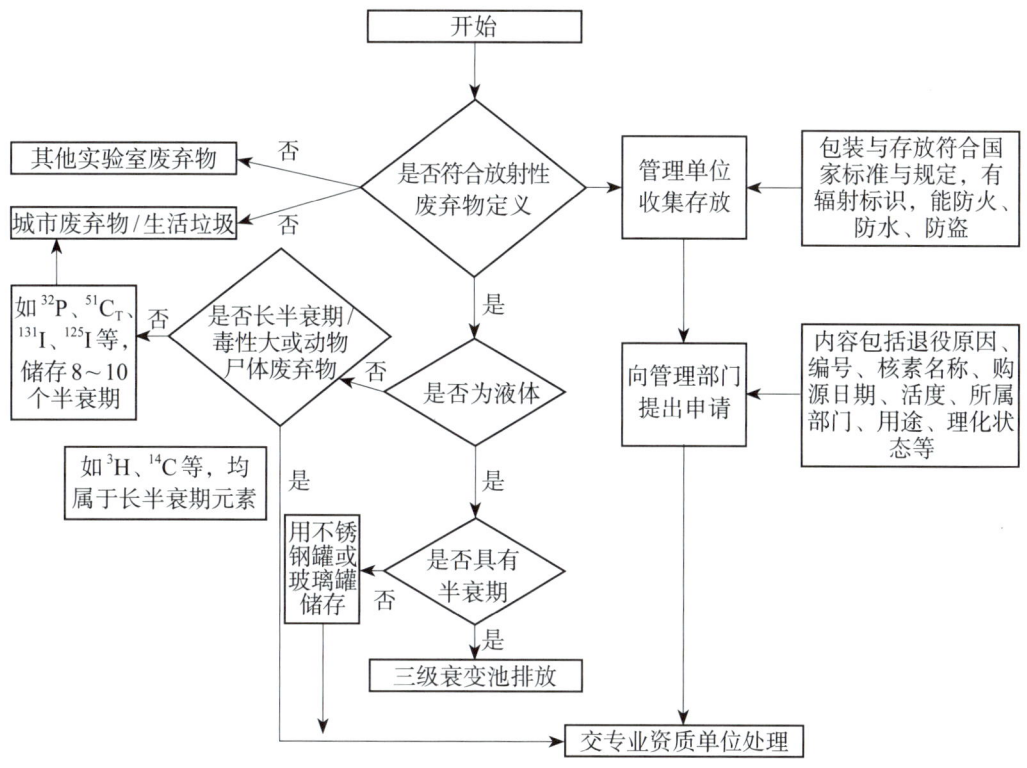

图8-11 放射性废弃物处置流程图

8.4 生物废弃物的处置

生物废弃物处置流程如图 8-12 所示，其处置原则如下：

（1）严禁将生物废弃物同生活垃圾混放；

（2）生物废弃物需按照规定分类收集；

（3）一般要求日产日清；

（4）有感染风险的生物废弃物需先进行杀菌消毒处理。

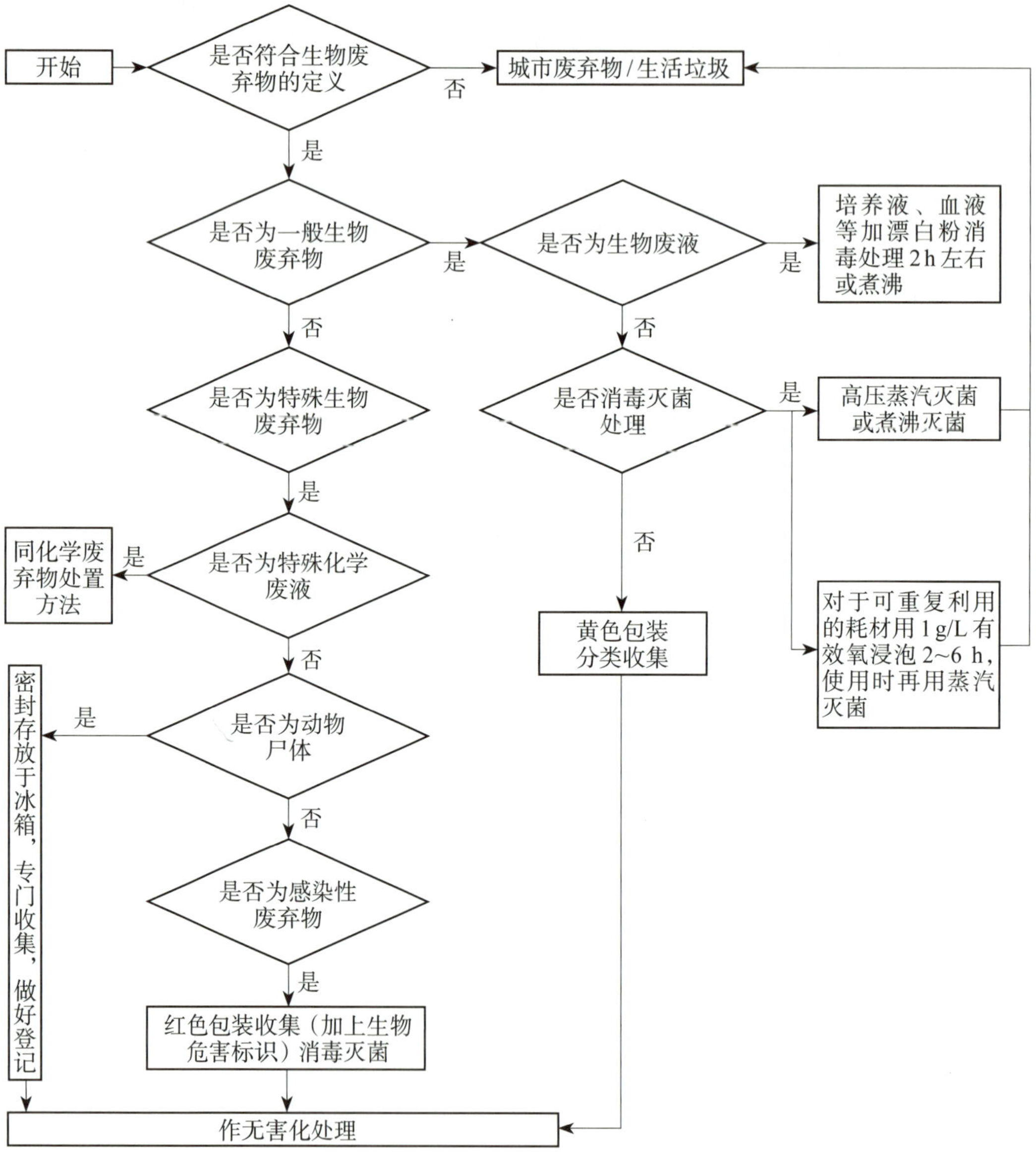

图 8-12 生物废弃物处置流程图

第9章 典型环境类实验风险评估及应急防范措施

开展环境类实验会面临各种不同风险,应通过系统评估实验可能产生的有毒有害物质、危险设备、污染物或生物危害,识别潜在风险点,制定针对性的防范和应急措施,配备防护装备并规范操作流程,最大限度降低实验过程中泄漏、爆炸、污染等事故发生的概率,减少伤害的发生。

9.1 土壤中重金属的测定实验风险评估及应急防范措施

1. 分析方法及原理

土壤中重金属的测定实验采用多种分析方法,其中较为常见的有原子吸收光谱法(AAS)、电感耦合等离子体发射光谱法(ICP-OES)和电感耦合等离子体质谱法(ICP-MS)。这些方法的基本原理均为基于元素的特定光谱或离子化特性进行定量检测。

①原子吸收光谱法(AAS):利用重金属元素对特定波长光的吸收特性,通过测量光强度的减弱程度,计算重金属元素的含量。

②电感耦合等离子体发射光谱法(ICP-OES):利用电感耦合等离子体作为激发光源,使样品中的元素发射出特征光谱,通过检测光谱强度确定元素含量。

③电感耦合等离子体质谱法(ICP-MS):将电感耦合等离子体与质谱仪结合,利用等离子体将样品中的元素离子化,再通过质谱仪对离子进行分离和检测。该方法具有极高的灵敏度和选择性。

2. 仪器及试剂

①仪器:原子吸收分光光度计、电感耦合等离子体发射光谱仪、电感耦合等离子体质谱仪、微波消解仪、电热板、高压罐等。

②试剂:硝酸、盐酸、氢氟酸、高氯酸等强酸(用于土壤样品的消解处理)以及一系列含有已知浓度的重金属标准溶液(用于构建标准曲线)。

3. 实验环节存在的危险因素

①腐蚀毒性:实验中使用的硝酸、盐酸等强酸及氢氟酸具有强烈的腐蚀性,且氢氟酸有毒,若不慎接触皮肤或眼睛,将造成严重的伤害。

②高温高压:消解土壤样品时,可能涉及高温高压反应条件,如使用高压罐消解时,若操作不当,易导致爆炸或烫伤事故。

③易燃有毒气体：在使用原子吸收分光光度计时，使用乙炔有易燃爆炸风险；消解过程中可能产生有毒气体，如氮氧化物、氟化氢等，这些都会对人体健康构成威胁。

4. 应采取的防范措施

①个人防护：实验人员应穿戴好防护服、防护眼镜、防酸碱手套等个人防护装备，确保皮肤、眼睛等敏感部位不受伤害。

②规范操作：严格遵守实验操作规程，确保仪器设备的正确使用和维护。在操作过程中，应注意观察实验现象，及时发现并处理异常情况。

③通风良好：实验室内应保持良好的通风条件，确保有毒气体及时排出室外。同时，可使用通风柜、排风罩等局部通风设备，进一步降低有毒气体的浓度。

5. 应急处置方法

①试剂溅洒：若强酸不慎溅洒到皮肤或眼睛上，应立即用大量清水冲洗，并立即就医；若氢氟酸溅洒到皮肤或眼睛上，应立刻使用葡萄糖酸钙凝胶或去氟灵涂抹皮肤，并立即就医。

②高温烫伤：应立即用冷水冲洗伤口，降低温度，并涂抹烫伤膏等药品。若伤势严重，应及时就医。

③有毒气体泄漏：应立即关闭气源，并打开门窗通风换气。实验人员应迅速撤离现场，并佩戴好防毒面具等防护装备。同时，应迅速报告相关部门并启动应急预案。

9.2 固体废物中总氮的测定实验类风险评估及应急防范措施

1. 实验原理

固体废物中的总氮测定主要涉及样品中所有氮的化合物总和，包括无机氮（如氨氮、亚硝酸盐氮、硝酸盐氮）和有机氮（如蛋白质、氨基酸等）。实验原理通常为采用修正的凯氏法（modified Kjeldahl method）结合分光光度法或滴定法测定总氮。修正的凯氏法是指通过酸消解将样品中的有机氮转化为铵态氮，然后通过蒸馏收集氨气，并使用纳氏试剂分光光度法或滴定法测定氨的含量，从而计算出总氮量。

2. 仪器及试剂

①仪器：凯氏定氮仪或自动蒸馏装置、消煮管、吸收瓶、滴定管等玻璃器皿、电子可调式电炉、紫外分光光度计（如使用分光光度法）、pH计（用于溶液酸碱度调节）。

②试剂：浓硫酸、催化剂（硫酸钾、硫酸铜、二氧化钛混合物）、氢氧化钠（用于蒸馏过程）、硼酸吸收液、高锰酸钾、铁粉、纳氏试剂（用于分光光度法）、盐酸标准溶液（用于滴定法）以及其他可能需要的指示剂或缓冲溶液。

3. 实验环节存在的危险因素

①化学品危险性：浓硫酸等强酸具有腐蚀性，接触皮肤或眼睛会造成严重伤害。
②高温高压：消解和蒸馏过程中需要高温和高压，操作不当可能引发爆炸或烫伤。
③有毒气体：蒸馏过程中产生的氨气有毒，需要妥善收集和处理。
④交叉污染：实验室内不同实验间可能存在交叉污染，影响测定结果。

4. 应采取的防范措施

①个人防护：佩戴化学防护眼镜、实验服、耐酸碱手套等个人防护装备。
②通风良好：实验室内应保持良好的通风条件，确保有毒气体及时排出。
③规范操作：严格按照实验步骤和安全操作规程进行实验，避免操作失误。
④化学品管理：将化学品分类存放，远离火源和热源，并贴上明显标签。
⑤实验室管理：定期检查实验室内仪器设备的运行状态和安全性，确保实验室环境整洁有序。

5. 应急处置方法

①化学品溅洒：立即用大量清水冲洗溅洒部位，并根据需要涂抹相应的中和剂或解毒剂。如有必要，及时就医。
②火灾：迅速使用灭火器进行初期灭火，并立即报警。确保人员安全撤离。
③氨气泄漏：立即关闭氨气源，开启通风设备，疏散人员至安全地带。使用湿毛巾等物品捂住口鼻以防吸入氨气。
④仪器故障：立即停止实验，关闭相关仪器设备电源，并向实验室负责人报告，进行处理。

9.3 氨氮的测定实验风险评估及应急防范措施

1. 实验原理

氨氮的测定是水质分析中的重要环节，通常采用纳氏试剂分光光度法或水杨酸分光光度法。这些方法基于水样中游离态的氨（NH_3）或铵离子（NH_4^+）与特定指示剂（如纳氏试剂或水杨酸）反应后显色，通过分光光度计测量吸光度，进一步计算出水体中氨氮的具体含量。

2. 仪器及试剂

①仪器。
分光光度计：用于测量反应后溶液的吸光度。
pH计或pH试纸：用于调节和控制溶液的酸碱度。
移液管：用于精确移取水样和试剂。
烧杯、容量瓶、量筒等玻璃器皿：用于配制溶液和进行反应。
蒸馏装置（可选）：对于含有挥发性干扰物质的水样，可能需要通过蒸馏进行预处理。

②试剂。

纳氏试剂或水杨酸试剂：用于与氨氮反应生成有色化合物。

氢氧化钠或盐酸溶液：用于调节溶液的pH值。

氨氮标准溶液：用于绘制标准曲线和校准仪器。

其他辅助试剂如酒石酸钾钠、硼酸等，根据具体实验方法而定。

3. 实验环节中的危险因素

①化学品毒性：氨氮测定过程中使用的试剂，如纳氏试剂等，可能具有一定的毒性，若操作不当可能对人体造成伤害。

②腐蚀性：部分试剂（如氢氧化钠）具有强烈的腐蚀性，能腐蚀皮肤、眼睛等。

③易燃易爆风险：某些试剂在特定条件下易燃易爆，增加实验风险。

④操作失误：如加热、蒸馏等步骤操作不当，可能导致实验失败或安全事故。

4. 应采取的防范措施

①个人防护：实验人员应穿戴好实验室服、手套、护目镜等个人防护装备，确保实验过程中的安全。

②通风良好：实验室内应保持良好的通风条件，确保有毒气体及时排出。

③规范操作：严格按照实验步骤和安全操作规程进行实验，避免操作失误。

④化学品管理：将化学品分类存放，远离火源和热源，并贴上明显标签。

⑤仪器校准：定期对实验仪器进行校准和维护，确保测量结果的准确性。

5. 应急处置方法

①化学品溅洒：立即用大量清水冲洗溅洒部位，并根据需要涂抹相应的中和剂或解毒剂。如有必要，及时就医。

②火灾：迅速使用灭火器进行初期灭火，并立即报警。确保人员安全撤离。

③中毒事故：若实验人员出现中毒症状，应立即将其移至通风处，并尽快就医。

9.4 总氮的测定实验风险评估及应急防范措施

1. 实验原理

总氮测定实验通常基于碱性过硫酸钾氧化法和紫外分光光度法（HJ 636—2012）。其原理大致如下：

①氧化消解：利用碱性过硫酸钾（$K_2S_2O_8$）在碱性条件下（通常加入NaOH）分解产生的原子态氧，将水样中的有机氮和无机氮（如氨氮、亚硝酸盐氮、硝酸盐氮等）转化为硝酸盐氮。

②比色测定：在酸性条件下，硝酸盐氮与变色酸等显色剂反应生成有色络合物，其颜色深浅与硝酸盐氮的含量成正比。可用紫外分光光度计在特定波长（如220 nm和275 nm）下测定该有色络合物的吸光度，从而计算出样品中的总氮含量。

2. 仪器及试剂

①实验仪器：紫外分光光度计、高压蒸汽灭菌器或消解仪、容量瓶、移液管等玻璃器皿、恒温水浴锅（可选）。

②实验试剂：碱性过硫酸钾溶液、无氨水、盐酸（HCl）、氢氧化钠（NaOH）、显色剂（如变色酸）、总氮校准液、总氮工作试剂包（包含各种标准溶液和试剂）。

3. 实验环节中的危险因素

①化学试剂的毒性：碱性过硫酸钾、氢氧化钠等试剂具有腐蚀性，接触皮肤或眼睛会造成伤害。

②高压蒸汽的危险：在使用高压蒸汽灭菌器或消解仪时，存在爆炸和烫伤的风险。

③紫外光伤害：紫外分光光度计产生的紫外光可能对眼睛造成伤害。

4. 应采取的防范措施

①个人防护：实验人员应穿戴好防护服、手套、护目镜等个人防护装备，避免试剂直接接触皮肤或眼睛。

②设备安全：确保高压蒸汽灭菌器或消解仪等设备的安全性能良好，严格按照操作规程使用，避免超压运行。

③紫外光防护：在使用紫外分光光度计时，应避免直视光源，必要时可佩戴紫外光防护眼镜。

④通风良好：实验室内应保持通风良好，避免有害气体和蒸汽积聚。

5. 应急处置方法

①化学试剂溅洒：立即用大量清水冲洗溅洒部位，如有必要及时就医。

②高压蒸汽泄漏：迅速切断电源或气源，穿戴好防护装备后进行处理，避免烫伤和爆炸。

③紫外光伤害：立即停止实验并撤离至安全区域，用冷水冲洗眼睛或皮肤，如有需要应立即就医。

9.5 总磷的测定实验风险评估及应急防范措施

1. 实验原理

总磷的测定实验主要基于化学反应和光学测量的原理。实验过程中，首先通过消解过程将水样中的有机磷和无机磷全部氧化为正磷酸盐。随后，在酸性条件下，正磷酸盐与钼酸铵、酒石酸锑氧钾（或其他锑盐）等试剂反应，生成磷钼杂多酸。这种化合物随后被还原剂（如抗坏血酸）还原，生成一种蓝色的络合物。最后，通过测量这种蓝色络合物的吸光度（即光线通过溶液后强度的减弱程度）推算出水样中的总磷含量。由于络合物的吸光度与其浓度成正比，因此可以通过测量吸光度准确测定总磷的浓度。

2. 仪器及试剂

①仪器。

总磷测定仪：用于测量蓝色络合物的吸光度，并自动完成测量、计算和数据存储等任务。

消解仪：用于对水样进行消解处理，将有机磷和无机磷转化为正磷酸盐。

比色管或比色皿：用于盛放反应后的溶液，以便进行吸光度的测量。

分光光度计（可选）：部分总磷测定仪内置分光光度计功能，若使用单独的分光光度计，则用于测量蓝色络合物的吸光度。

其他辅助设备有移液管、容量瓶、烧杯等玻璃器皿。

②试剂。

过硫酸钾（或其他氧化剂）：用于消解过程，将水样中的磷氧化为正磷酸盐。

钼酸铵、酒石酸锑氧钾（或其他锑盐）：与正磷酸盐反应生成磷钼杂多酸。

抗坏血酸：作为还原剂，将磷钼杂多酸还原为蓝色的络合物。

硫酸：用于调节溶液的酸度。

总磷标准溶液：用于绘制标准曲线和校准仪器。

3. 实验环节中的危险因素

①化学品毒性：实验中使用的试剂，如过硫酸钾、钼酸铵等，可能具有一定的毒性，若操作不当可能对人体造成伤害。

②腐蚀性：部分试剂（如硫酸）具有强烈的腐蚀性，能腐蚀皮肤、眼睛等。

③高温高压：消解过程需要在高温下进行，若操作不当可能导致烫伤或实验设备损坏。

④操作失误：如取样量不准确、试剂配制错误等失误，都可能影响实验结果的准确性。

4. 应采取的防范措施

①个人防护：实验人员应穿戴好实验室服、手套、护目镜等个人防护装备，确保实验过程中的安全。

②通风良好：实验室内应保持良好的通风条件，确保有毒气体及时排出。

③规范操作：严格按照实验步骤和安全操作规程进行实验，避免操作失误。

④化学品管理：将化学品分类存放，远离火源和热源，并贴上明显标签。

⑤仪器校准：定期对实验仪器进行校准和维护，确保测量结果的准确性。

5. 应急处置方法

①化学品溅洒：立即用大量清水冲洗溅洒部位，并根据需要涂抹相应的中和剂或解毒剂。如有必要，及时就医。

②火灾：迅速使用灭火器进行初期灭火，并立即报警。确保人员安全撤离。

③烫伤：应立即用冷水冲洗受伤部位，并涂抹烫伤药膏。若伤势严重，应及时就医。

④中毒事故：应立即将中毒人员其移至通风处，并尽快送医。

根据具体情况采取相应的应急处置措施，如泄漏处理、设备故障处理等。同时，应做好事故记录和报告工作，以便后续分析和改进。

9.6 地表水中细菌总数和大肠菌群的测定实验风险评估及应急防范措施

1. 实验原理

①细菌总数测定。

细菌总数是衡量水质污染程度的重要指标，通过测定水样中细菌菌落的总数（CFU/mL）评估。

采用平板菌落计数法测定细菌总数，需要将水样适当稀释后涂布在平板上，经过培养后平板上形成肉眼可见的菌落，统计菌落数并计算样品中的细菌总数。

②大肠菌群测定。

大肠菌群是粪便污染的指示菌，其数量的多少可表示水源被人畜排泄物污染的程度。

常用的测定方法包括多管发酵法和滤膜法。多管发酵法利用大肠菌群发酵乳糖产酸产气的特性，通过培养观察颜色变化和气体产生情况判定。滤膜法则是将水样过滤后，使细菌截留在滤膜上，再进行培养计数。

2. 仪器及试剂

①仪器：高压蒸汽灭菌器、恒温培养箱、显微镜（用于菌落形态观察）、移液管、量筒等玻璃器皿、微生物快速检测仪（可选，用于光度法快速检测）、无菌采样瓶和采样装置。

②试剂：平板培养基（如营养琼脂培养基、伊红美蓝琼脂培养基）、乳糖蛋白胨发酵液（用于多管发酵法）、滤膜（如孔径约 $0.45\ \mu m$ 的多孔硝化纤维膜或乙酸纤维膜）、稀释液（如无菌水）、粪大肠菌群检测试剂（如光度法所需的选择性培养基及色原底物）。

3. 实验环节存在的危险因素

①生物污染：操作过程中可能因操作不当导致细菌、病毒等微生物污染。

②化学危害：部分试剂如消毒剂可能对人体有害，若接触皮肤或吸入消毒剂可能导致刺激或中毒。

③物理伤害：玻璃器皿破碎可能导致划伤或割伤。

④高温烫伤：高压蒸汽灭菌器和恒温培养箱的高温可能导致烫伤。

4. 应采取的防范措施

①个人防护：穿戴实验服、手套、口罩等防护用品。避免直接接触有毒有害试剂，

如不慎接触应立即用大量清水冲洗。

②无菌操作：确保所有仪器、器皿和培养基在使用前均经过严格灭菌处理。采样过程中避免污染，采样瓶需事先灭菌并密封保存。

③规范操作：严格按照实验步骤进行操作，避免操作失误导致污染。使用玻璃器皿时轻拿轻放，避免破碎。

④安全用电：使用高压蒸汽灭菌器和恒温培养箱等电器设备时，确保电源安全，避免触电。

5. 应急处置方法

①生物污染：若发生生物污染，应立即停止实验，对污染区域进行消毒处理。接触污染物的人员应立即用肥皂和流动水（或者有针对性地选择合适的消毒剂）清洗双手和暴露部位。

②化学危害：若试剂溅入眼睛或皮肤，应立即用大量清水冲洗，并尽快就医。如有误食，应立即就医并按医生指导处理。

③物理伤害：若被玻璃器皿划伤或割伤，应立即用消毒纱布包扎伤口，并视情况就医。

④高温烫伤：应立即用冷水冲洗烫伤部位，并涂抹烫伤药膏。烫伤严重者应立即就医。

9.7 膜法水处理实验风险评估及应急防范措施

1. 实验原理

膜法水处理技术是一种利用特定孔径的膜材料，通过压力差、浓度差或电位差等驱动力，实现水中溶质与溶剂分离的技术，主要包括微滤（MF）、超滤（UF）、纳滤（NF）和反渗透（RO）等几种类型。每种技术的原理略有不同，但核心都是利用膜的选择透过性去除水中的杂质。

①反渗透：以压力差为推动力，从溶液中分离出溶剂的膜分离操作。当对膜一侧的料液施加压力，且该压力超过溶液的渗透压时，溶剂会逆着自然渗透的方向作反向渗透，从而在膜的低压侧得到透过的溶剂（即渗透液），高压侧得到浓缩的溶液（即浓缩液）。

②纳滤：这是一种介于反渗透和超滤之间的压力驱动膜分离过程，纳滤膜的孔径大小为几纳米。纳滤分离原理近似机械筛分，但由于纳滤膜本体带有电荷性，其在很低压力下仍具有较好的脱盐性能。

2. 仪器及试剂

①仪器：膜分离设备（如中空纤维式或卷式膜组件）、隔膜泵、压力表、流量计、烧杯、电导率仪以及其他辅助设备（如管路、阀门、支架等）。

②试剂：待处理的水样（如地表水、海水、废水等）、清洗剂（用于清洗膜组件）、

标准溶液（用于校准电导率仪或绘制标准曲线）。

3. 实验环节中的危险因素

①机械伤害：操作膜分离设备时，可能会因设备故障或操作不当导致机械伤害。
②化学危害：清洗膜组件时使用的清洗剂可能对人体有害，若接触皮肤或吸入可能导致刺激或中毒。
③电气安全：实验中使用的电器设备（如隔膜泵、电导率仪等）可能存在电气安全风险。
④生物污染：若处理的水样中含有微生物，可能存在生物污染的风险。

4. 应采取的防范措施

①个人防护：穿戴实验服、手套、防护眼镜等个人防护装备，避免直接接触有害试剂和设备。
②设备检查：在实验前对膜分离设备和电器设备进行检查，确保设备处于良好状态，防止机械伤害和电气安全风险。
③规范操作：严格按照实验步骤进行操作，避免操作失误导致危险发生。
④通风良好：在实验室内保持良好的通风条件，降低有害气体的浓度。
⑤定期维护：定期对膜分离设备和电器设备进行维护和保养，确保其正常运行和延长使用寿命。

5. 应急处置方法

①机械伤害：应立即停止实验，对受伤部位进行包扎止血等初步处理，并及时就医。
②化学危害：若试剂溅入眼睛或皮肤，应立即用大量清水冲洗，并尽快就医。
③电气事故：应立即切断电源，使用干粉灭火器进行灭火，并对触电者进行心肺复苏等急救措施。
④生物污染：应立即停止实验，对污染区域进行消毒处理，并加强个人防护。

9.8 活性炭吸附实验风险评估及应急防范措施

1. 实验原理

活性炭吸附实验主要基于活性炭的物理和化学吸附原理而进行。活性炭具有巨大的比表面积（通常在 500～1700 m^2/g 之间），以及丰富的多孔结构（包括微孔、中孔和大孔），这些特性使其能够吸附大量的气体、液体或固体杂质。

①物理吸附：物理吸附是基于分子间的相互吸引力（范德华力）进行的，当气体、液体或固体杂质与活性炭接触时，它们会被吸附到活性炭的孔隙和表面上。
②化学吸附：除了物理吸附外，活性炭的表面还含有一些含氧官能团（如羧基、羟基等），这些官能团可以与被吸附的物质发生化学反应，形成化学键，从而增强吸附效果。

此外，活性炭表面还可能带有一定的电荷，这使得它能够通过静电作用吸附一些带电的粒子或分子。

2. 仪器及试剂

①仪器：活性炭吸附装置（如活性炭吸附柱、活性炭吸附箱等）、流量计、温控系统、取样器、气体或液体供给系统、分析仪器（如气相色谱仪、分光光度计等，用于分析吸附前后的物质浓度）。

②试剂：活性炭（不同粒径、比表面积和孔隙结构的活性炭可根据实验需求选择）、被吸附物质（如气体中的VOCs、水中的有机物等）、清洗剂（用于清洗吸附装置）、

3. 实验环节存在的危险因素

①燃爆风险：活性炭在处理某些挥发性有机化合物（VOCs）时，可能因吸附过程中释放的热量积聚而引发燃爆。

②粉尘危害：活性炭在粉末状态下容易产生静电，并可能引发粉尘爆炸。

③化学危害：被吸附的物质可能具有毒性或腐蚀性，对操作人员构成威胁。

④机械伤害：操作设备时可能因设备故障或操作不当导致机械伤害。

4. 应采取的防范措施

①防火防爆：确保实验区域通风良好，以降低可燃气体浓度；定期对活性炭吸附装置进行维护和检查，确保其正常运行；在处理易燃易爆物质时，应严格控制温度、压力和流量等参数；安装温度传感器和报警系统，实时监控并预警潜在的危险。

②防尘措施：在处理活性炭粉末时，应佩戴防尘口罩和防护眼镜等个人防护装备；使用静电消除器或接地装置减少静电积聚；避免在密闭空间内进行活性炭的装卸和运输。

③化学防护：了解并熟悉被吸附物质的性质和安全操作规程；佩戴适当的个人防护装备（如化学防护服、手套等）；在处理有毒或腐蚀性物质时，应严格遵守安全操作规程。

④机械安全：对操作人员进行设备操作培训，确保其掌握正确的操作方法；定期检查和维护设备，确保其处于良好状态；在操作设备时，应遵守设备操作规程和安全注意事项。

5. 应急处置方法

①燃爆事故：立即切断气源或液源，关闭相关设备；使用灭火器进行初期灭火，并通知消防部门；疏散人员至安全区域，避免进一步伤害。

②粉尘爆炸：立即停止操作并关闭相关设备；使用湿布或灭火器等工具进行初期扑救；疏散人员至安全区域，并开启通风系统降低粉尘浓度。

③化学泄漏：立即穿戴好个人防护装备，并切断泄漏源；使用适当的吸附材料（如沙子、活性炭等）进行泄漏物的收集和处理；将泄漏物妥善处理并报告相关部门。

④人员受伤：立即将受伤人员移至安全区域并进行初步救治；拨打急救电话并等待专业人员进行进一步救治。

9.9 臭氧氧化脱色实验风险评估及应急防范措施

1. 实验原理

臭氧（O_3）是一种强氧化剂，其氧化能力在天然元素中仅次于氟。臭氧在水溶液中的强烈氧化作用主要不是由 O_3 本身直接引起的，而是由臭氧在水中分解的中间产物如羟基自由基（·OH）和过氧羟基自由基（HO_2·）等引起的。臭氧氧化脱色的主要机理如下。

①直接反应机理：为臭氧分子直接进攻有机物的反应，如打开双键发生加成反应，形成臭氧化中间产物，并进一步分解。

②间接反应机理：为臭氧分解形成自由基与有机物的反应。溶解性臭氧分解形成羟基自由基（·OH），通过电子转移反应和抽氢反应等使溶解态无机物和有机物氧化。

臭氧脱色的具体机理是臭氧及其产生的活泼自由基（如·OH）使染料发色基团中的不饱和键（如芳香基或共轭双键）断裂，生成小分子量的酸和醛，从而显著降低水体色度。

2. 仪器及试剂

①仪器：臭氧发生器、洗气瓶、碱式滴定管、量筒、锥形瓶、pH 试纸、分光光度计、大烧杯。

②试剂：2% 的 KI 溶液、醋酸、0.005 mol/L 的 $Na_2S_2O_3$ 标准溶液、淀粉溶液、臭氧气体。

3. 实验环节存在的危险因素

①臭氧毒性：臭氧对人体和环境具有毒性，长期或高浓度暴露会导致呼吸道刺激、嗜睡、胸闷、氧气缺乏等症状，甚至对心脏、肺部等内脏器官造成危害。

②火灾爆炸风险：臭氧氧化过程中如遇易燃物质，可能引发爆炸。

③设备故障：臭氧发生器、电气设备等可能因操作不当或设备老化而出现故障，导致臭氧泄漏或电击事故。

4. 应采取的防范措施

①个人防护：实验人员应穿戴好防护装备，包括防毒口罩、手套、防护服和眼罩等，减少皮肤和呼吸系统接触臭氧的机会。

②设备检查：在操作前对臭氧发生器、电气设备等进行检查，确保设备正常运转和安全性。

③通风良好：设置有效的通风系统，保证室内空气流通，避免臭氧过量泄漏。

④控制氧气浓度：在臭氧氧化设备的设计和使用中，采取控制氧气浓度的措施，避免氧中毒和火灾等问题。

⑤安全培训：对操作人员进行安全培训和指导，提高其对危险因素的识别和应对能力。

5. 应急处置方法

①臭氧泄漏：立即关闭臭氧发生器，切断臭氧源；佩戴防护装备，迅速撤离泄漏区域；启动通风系统，加速室内空气流通，降低臭氧浓度；使用气体检测仪监测臭氧浓度，确保安全后再进入区域。

②火灾或爆炸：立即切断电源，关闭所有可能引发火源的设备；使用灭火器进行初期灭火，同时迅速报警；疏散人员，确保人员安全。

③人员中毒：将中毒人员迅速移至空气新鲜处，保持呼吸道通畅，如有必要，进行人工呼吸或心肺复苏等急救措施；立即送医治疗。

9.10 滤池、沉淀池实验风险评估及应急防范措施

1. 实验原理

①滤池实验原理。

滤池通过滤料层（如石英砂）的过滤作用，进一步去除污水中的悬浮物、胶体及部分有机物。在重力无阀滤池中，利用水力学原理，通过进出水的压差自动控制虹吸产生和破坏，可以实现自动运行。水流通过滤料层后，杂质被截留在滤料表面，形成滤饼层。随着过滤的进行，滤饼层逐渐增厚，导致过滤阻力增大，此时利用虹吸作用进行反冲洗，可以恢复滤池的过滤能力。

②沉淀池实验原理。

沉淀池主要利用重力作用使污水中的悬浮物自然沉降到底部，从而实现固液分离。在斜管沉淀池中，通过安装与水平面成一定角度（通常为60°左右）的斜管组件，增大沉淀面积，提高沉淀效率。水流从下向上流动，颗粒在斜管底部累积到一定程度后自动滑下，清水则在池顶通过穿孔集水槽收集，污泥则在池底通过排污管排出。

2. 仪器及试剂

①仪器：沉淀池（含斜管组件）、滤池（如重力无阀滤池）、进水泵、流量计、溶解氧测定仪（可选，用于生物处理前后对比）、pH 计（可选，用于监测水质变化）、污泥收集装置、穿孔集水槽、虹吸装置（针对重力无阀滤池）、采样器。

②试剂：污水样品（可使用模拟污水或真实污水），氯化铁、氯化钙等化学试剂（可选，用于后续化学处理或水质分析）。

3. 实验环节中的危险因素

①机械伤害：操作进水泵、流量计等机械设备时可能发生的夹伤、触电等。

②化学伤害：接触污水或化学试剂时可能引起的皮肤刺激、腐蚀等。

③生物危害：污水中可能含有病原微生物，处理不当可能引发感染。

④环境污染：实验过程中若发生泄漏，可能对实验室环境造成污染。

⑤设备故障：沉淀池、滤池等设备故障可能导致实验中断或安全事故。

4. 应采取的防范措施

①个人防护：穿戴适当的个人防护装备，如安全帽、防护眼镜、手套、防水靴等。

②设备检查：实验前对沉淀池、滤池等设备进行详细检查，确保其处于良好工作状态。

③化学品管理：妥善存放和处理化学试剂，避免直接接触和泄漏。

④生物安全：对污水样品进行适当处理，避免病原微生物的传播。

⑤环境监测：定期监测实验室环境，确保空气质量、噪声等符合安全标准。

⑥应急准备：制定应急预案，储备必要的应急物资，如急救包、消防器材等。

5. 应急处置方法

①机械伤害：立即切断电源，停止设备运行，对受伤部位进行初步处理并送医治疗。

②化学伤害：迅速脱去被污染的衣物，用大量清水冲洗受伤部位，必要时送医治疗。

③生物危害：立即用消毒液清洗受伤部位，并报告相关部门进行后续处理。

④环境污染：迅速切断污染源，防止污染扩散，并使用适当的清洁剂进行清理。

⑤设备故障：立即停止实验，切断相关设备的电源或气源，并通知维修人员进行处理。

9.11 混凝实验风险评估及应急防范措施

1. 混凝实验原理

混凝实验旨在通过物理和化学过程，使水中的悬浮物、胶体粒子等杂质凝聚成较大的颗粒，从而便于后续的沉淀、过滤等处理步骤。混凝实验的原理为在双电层压缩、吸附电中和、吸附架桥和网捕卷扫等机制的作用下，通过混凝剂（如聚合氯化铝、聚丙烯酰胺等）的投加，使水中的杂质颗粒相互聚集成大颗粒，进而实现水质净化。

2. 仪器及试剂

①仪器：SC956型搅拌器、COD-571型化学需氧分析仪、721分光光度计、HACH2100型浊度仪、分析天平、恒温水浴、烘箱、锥形瓶、量筒、烧杯、电加热炉、电动搅拌器、温度计、移液管、pH试纸、滤纸、玻璃棒、吸管、药匙、漏斗、铁架台。

②试剂：聚合氯化铝、聚丙烯酰胺、矾石药剂（聚硅酸铝铁）、硅酸铝铁、硫酸铁、被膜剂。

3. 实验环节存在的危险因素

①机械伤害：搅拌器、破碎机等设备的操作可能引发肢体伤害。

②化学伤害：混凝剂、絮凝剂等化学试剂的泄漏、挥发及突发反应可能对人体造成伤害。

③粉尘伤害：取样时粉尘外泄可能伤害眼睛、口鼻。

④坠落风险：攀爬罐车或生产线粉料罐体时存在坠落风险。

⑤触电风险：电源设备未正确操作可能引发触电事故。
⑥烫伤风险：高温加热设备可能造成烫伤。
⑦环境风险：实验过程中可能产生的废液、废气若处理不当，可能对环境造成污染。

4. 应采取的防范措施

①机械伤害防范：试验人员需培训上岗，非熟练人员禁止操作；操作前确保设备电源处于断开状态；墙面上张贴"机械伤害""操作前请断电"等警示标语。

②化学伤害防范：化学分析室专人专锁，药品柜药品分类存放；建立化学药品台账，实时登记相关信息；化学分析室保持长期通风状态，所有检查均需双人在场。

③粉尘伤害防范：取样时操作人员须佩戴护目镜和口罩；遇到粉体溅入眼睛、口鼻，要第一时间清洗并就医。

④坠落风险防范：上下罐体时抓牢周边扶手；禁止长时间站在罐体边缘。

⑤触电风险防范：定期检查电器设备，确保接地良好；操作前检查电源是否关闭。

⑥烫伤风险防范：操作高温设备时佩戴防护手套；墙面张贴"高温危险""预防烫伤"警示标语。

⑦环境风险防范：需按规定处理废液、废气，不得随意排放废液、废气；定期检查排放设备，确保其正常运行。

5. 应急处置方法

①机械伤害应急处置：立即切断设备电源，使设备停止运行；对受伤部位进行初步止血、包扎等处理；迅速将伤者送往医院救治。

②化学伤害应急处置：迅速将受伤部位置于流动清水中冲洗，如有必要，使用解毒剂或中和剂进行处理；立即就医，告知医生受伤原因及所接触化学物质。

③粉尘伤害应急处置：立即用清水冲洗眼睛或口鼻。如有不适，迅速就医。

④坠落伤害应急处置：迅速将伤者移至安全地带；检查伤者伤情，进行初步处理；迅速拨打急救电话，将伤者送往医院救治。

⑤触电伤害应急处置：立即切断电源或使用绝缘物体将伤者与电源分离；对伤者进行心肺复苏等急救处理；迅速拨打急救电话，将伤者送往医院救治。

⑥烫伤伤害应急处置：迅速将受伤部位置于冷水中降温；涂抹烫伤膏或覆盖干净纱布；如有严重烫伤或起泡现象，立即就医。

⑦环境污染应急处置：立即停止排放污染物质。

9.12 活性污泥性质与污泥比阻测定实验风险评估及应急防范措施

1. 实验原理

①活性污泥性质。

活性污泥是污水生物处理法中的主体，是由细菌、真菌、原生动物和后生动物等多种微生物群体与污水中的悬浮物质、胶体物质混杂在一起所形成的，是具有很强的吸附、分解和氧化有机物能力的絮状体。活性污泥的性质直接影响污水处理的效果，包括污泥的沉降性、生物活性、浓度等。

②污泥比阻测定。

污泥比阻是表示污泥过滤特性的综合性指标，其物理意义是单位质量的污泥在一定压力下过滤时在单位过滤面积上的阻力。污泥比阻愈大，过滤性能愈差，反之，过滤性能愈好。测定污泥比阻有助于评估污泥的脱水性能，为污泥处理工艺的优化提供依据。

实验通过测定污泥在不同时间内的水分滤过量，以及污泥的其他物理参数，计算污泥的比阻值。在定压下，过滤时间 t 与滤液体积 V 的数值分布成直线关系，直线斜率与污泥比阻 α 相关。具体计算公式可能因实验条件和设备而异，但基本原理相同。

2. 仪器及试剂

①仪器。

污泥比阻测定装置：包括真空泵、吸滤筒、布氏漏斗、计量筒、真空表、电源控制系统等。

分析天平：用于精确称量污泥和滤饼的重量。

烘箱：用于干燥滤饼以测定其干重。

其他辅助工具：如烧杯、玻璃棒、移液管等。

②试剂。

污泥样品：来自污水处理厂的活性污泥。

滤纸：用于过滤污泥中的水分。

混凝剂（可选）：如聚合氯化铝（PAC）、聚丙烯酰胺（PAM）等，用于改善污泥的脱水性能。

3. 实验环节中的危险因素

①机械伤害：操作过程中可能因接触设备部件而导致划伤或夹伤。

②化学伤害：虽然本实验主要使用污泥样品和滤纸，但实验室内可能存放有其他化学品，如混凝剂等，存在误接触的风险。

③触电风险：电源控制系统和真空泵等设备需接通电源，存在触电风险。

④烫伤风险：烘箱等加热设备可能产生高温，存在烫伤风险。

⑤环境污染：实验过程中产生的废液和污泥若处理不当，可能对环境造成污染。

4. 应采取的防范措施

①个人防护：实验人员应穿戴合适的防护服、手套和护目镜，避免与设备和化学品直接接触。

②设备安全：定期检查设备的安全性能，确保设备处于良好工作状态。

③用电安全：严格遵守用电规范，确保电源插座和电线无裸露、无损坏。

④防火防爆：实验室内应配备灭火器等消防设备，并定期检查其有效性。

⑤废物处理：实验产生的废液和污泥应按照相关规定进行处理，避免对环境造成

污染。

5. 应急处置方法

①机械伤害：立即停止操作，用清水冲洗伤口，并视情况就医。

②化学伤害：迅速用大量清水冲洗受伤部位，并脱去被污染的衣物。如有必要，拨打急救电话并就医。

③触电事故：立即切断电源，用绝缘物体将触电者与电源分离，并采取心肺复苏等措施急救。

④火灾或爆炸：立即启动应急预案，使用灭火器进行初期灭火，并拨打火警电话报警。

⑤环境污染：立即采取措施控制污染扩散，并按照相关规定进行废物处理和报告。

9.13 废水可生化性实验风险评估及应急防范措施

1. 实验原理

废水可生化性实验旨在评估废水中有机污染物被微生物降解的难易程度，即废水是否适合采用生物处理工艺进行净化。其实质是通过观察微生物对废水中有机物的利用情况，来判断废水能否通过生物处理达到预期的净化效果。

实验中，常用的方法是测定废水的生化需氧量（BOD）与化学需氧量（COD）的比值（BOD/COD）。BOD 反映了废水中可被微生物降解的有机物量，而 COD 则反映了废水中所有有机物的总量。BOD/COD 比越大，说明废水中可被微生物降解的有机物比例越高，废水的可生化性就越好。此外，还可以利用微生物呼吸曲线法、CO_2 生成量测定法等方法评估废水的可生化性。

2. 仪器及试剂

①仪器。

恒温培养箱：用于控制微生物生长的温度条件。

溶解氧测定仪：用于测定废水中的溶解氧含量，以反映微生物的呼吸活动。

COD 测定仪：用于测定废水的化学需氧量。

BOD 测定装置：包括生化培养瓶、搅拌器等，用于测定废水的生化需氧量。

其他辅助仪器如离心机、移液管、烧杯、量筒等。

②试剂。

微生物接种物：如活性污泥或特定菌种，用于接种废水以启动生物降解过程。

营养盐溶液：为微生物提供必要的营养物质，如氮、磷等。

缓冲溶液：用于调节废水的 pH 值，以维持微生物生长的最适条件。

重铬酸钾等氧化剂：用于测定 COD。

3. 实验环节中的危险因素

①生物危害：实验中使用的微生物接种物可能对人体健康造成威胁，特别是当处理含有病原微生物的废水时。

②化学危害：实验过程中可能接触到有毒有害的化学物质，如重铬酸钾等氧化剂。

③物理危害：使用玻璃仪器时可能因操作不当导致划伤或割伤。

④环境污染：实验废液和废弃物若处理不当，可能对环境造成污染。

4. 应采取的防范措施

①个人防护：实验人员应穿戴合适的个人防护装备，如实验服、手套、护目镜等，以减少与有害物质直接接触的风险。

②实验室管理：加强实验室的安全管理，确保实验设备和试剂的规范存放和使用。定期对实验室进行清洁和消毒，以减少病原微生物的滋生。

③化学安全：在使用有毒有害的化学物质时，应严格按照操作规程进行，避免直接接触和吸入。使用后应及时将废液和废弃物分类收集并妥善处理。

④物理安全：使用玻璃仪器时应小心谨慎，避免划伤或割伤。若发生破损，应及时清理并采取相应的防护措施。

5. 应急处置方法

①生物污染：若发生生物污染事故，应立即停止实验并撤离现场。根据污染物的性质采取相应的消毒措施，如使用含氯消毒剂对污染区域进行消毒。同时，应向实验室负责人报告并寻求专业人员的帮助。

②化学污染：若接触到有毒有害的化学物质，应立即用大量清水冲洗接触部位，并尽快就医。同时，应迅速将泄漏的化学物质收集并妥善处理，防止污染物质的进一步扩散。

③物理伤害：若发生划伤或割伤等物理伤害事故，应立即用干净的纱布或绷带进行包扎，并尽快就医处理伤口。同时，应清理现场以防止类似事故再次发生。

④环境污染：若发生环境污染事故，应立即停止实验并采取措施防止污染物进一步扩散。同时，应向相关部门报告并寻求专业人员的帮助以便清理和处置污染物。

9.14 营养化水体中藻类的测定与评价实验风险评估及应急防范措施

1. 实验原理

营养化水体中藻类的测定与评价实验的开展主要基于叶绿素a的测定原理。叶绿素a是藻类植物叶绿体色素的重要组分，在光合作用中起到吸收光能、传递光能的作用，其含量与植物的光合速率密切相关。在营养化水体中，由于氮、磷等营养物质过度富集，藻类会大量繁殖，水体中叶绿素a的浓度显著增加。因此，通过测定水体中叶绿素a的浓度，可以间接测出水体的富营养化程度以及藻类的生长状况。

2. 仪器及试剂

①仪器。

分光光度计：用于测定叶绿素a提取液的吸光度，从而计算出叶绿素a的浓度。

离心机：用于将水样中的藻类细胞与水体分离。

匀浆器或小研钵：使藻类细胞破碎，释放叶绿素a。

比色皿：用于盛放叶绿素a提取液。

冰箱：用于储存水样和试剂，保持其稳定性。

②试剂。

90%丙酮溶液：作为叶绿素a的提取剂。

$MgCO_3$悬液：用于调节水样的pH值，提高叶绿素a的提取效率（根据具体实验设计选择）。

其他辅助试剂：如蒸馏水、滤膜等，用于实验过程中的清洗和过滤操作。

3. 实验环节中的危险因素

①化学危害：丙酮等有机溶剂具有易燃易爆性，且对人体有一定的毒性，若操作不当可能引发火灾或中毒事故。

②物理危害：离心机、匀浆器等设备在运行时可能产生噪声和振动，长时间接触可能对听力和神经系统造成损害；同时，操作这些设备时若不慎可能引发割伤、夹伤等事故。

③生物危害：虽然本实验主要关注藻类而非病原微生物，但长期接触富营养化水体可能对人体健康产生潜在影响，如过敏反应、皮肤刺激等。

4. 应采取的防范措施

①化学防护：使用丙酮等有机溶剂时应在通风橱内进行，远离火源和热源；佩戴合适的个人防护装备，如防毒面具、防护眼镜和手套；实验结束后及时将废液分类收集并妥善处理。

②物理防护：在操作离心机、匀浆器等设备时佩戴耳塞或耳罩以减少噪声影响；遵守设备操作规程，确保设备稳定运行；定期检查设备的安全性能，及时维修或更换损坏的部件。

③生物防护：尽量避免直接接触富营养化水体；实验结束后及时清洗双手和实验器材；定期对实验室进行清洁和消毒以减少微生物滋生。

5. 应急处置方法

①化学事故：若发生丙酮等有机溶剂泄漏或火灾事故，应立即切断火源并疏散人员；使用干粉灭火器或泡沫灭火器进行灭火；若有人员中毒，应迅速将其移至通风处并拨打急救电话。

②物理事故：应立即切断设备电源并停止运行；对受伤人员进行初步救治并拨打急救电话；同时检查设备故障原因并采取相应措施防止事故扩大。

③生物事故：应立即停止实验并撤离现场；使用合适的消毒剂对污染区域进行消毒处理；若有人员受伤或不适，应及时就医并向实验室负责人报告。

9.15 水中碱度的测定实验风险评估及应急防范措施

1. 实验原理

水中碱度的测定原理主要基于酸碱中和反应。水样中的碳酸盐（CO_3^{2-}）、重碳酸盐（HCO_3^-）以及氢氧根离子（OH^-）等碱性物质能够与酸发生中和反应，消耗一定量的酸。通过用标准酸溶液滴定水样至特定的pH值，并观察酸碱指示剂的颜色变化，可以确定水样中碱性物质的含量，从而计算出水的碱度。

2. 仪器及试剂

①仪器。

滴定管：用于准确量取和加入标准酸溶液。

磁力搅拌器或磁力搅拌子：用于在滴定过程中搅拌水样，使反应均匀进行。

pH计或精密pH试纸：用于监测滴定过程中的pH值变化，判断滴定终点。

锥形瓶：用于盛放水样和进行滴定操作。

②试剂。

标准酸溶液（如盐酸、硫酸等）：用于滴定水样中的碱性物质。

酸碱指示剂（如酚酞、甲基橙等）：用于指示滴定终点的到达，根据颜色变化判断滴定是否完成。

蒸馏水：用于稀释水样或洗涤仪器。

3. 实验环节中的危险因素

①化学腐蚀：标准酸溶液（如盐酸、硫酸）具有强腐蚀性，若直接接触皮肤或眼睛，会造成严重的化学灼伤。

②火灾风险：虽然水中碱度测定实验本身不涉及易燃物质，但实验室中可能存放有其他易燃易爆物品，需防范火灾风险。

③操作不当：滴定过程中若操作不当，如滴定速度过快、搅拌不均匀等，可能导致滴定结果不准确或发生溅液等危险情况。

4. 应采取的防范措施

①个人防护：实验人员应穿戴防护眼镜、实验服和耐酸碱手套等个人防护装备，以防化学试剂溅洒至皮肤或眼睛。

②通风良好：应在通风橱内进行实验，确保实验室空气流通，减少有害气体的积聚。

③规范操作：严格遵守实验室操作规程，确保滴定速度适中、搅拌均匀，并准确记录滴定数据和观察结果。

④安全存储：标准酸溶液等危险化学品应存放在指定的安全柜中，远离火源和热

源,并定期进行安全检查。

5. 应急处置方法

①化学灼伤:若皮肤或眼睛接触到标准酸溶液,应立即用大量清水冲洗至少15 min,并尽快就医。

②火灾:应立即使用灭火器进行初期扑救,并迅速报警。同时,按照实验室应急预案进行疏散和救援。

③操作失误:若滴定过程中出现溅液等危险情况,应立即停止实验并清理现场。若对实验结果产生怀疑,应重新进行实验以确保数据的准确性。

9.16 底泥对苯胺吸附实验风险评估及应急防范措施

1. 实验原理

底泥对苯胺的吸附实验主要基于吸附作用原理。吸附是物质在两相界面(如固-液界面)上的富集现象,通常分为物理吸附和化学吸附。物理吸附是吸附质与吸附剂之间通过分子间力(如范德华力)相互吸引,是可逆过程;而化学吸附则涉及吸附质与吸附剂之间形成化学键的过程,是不可逆过程。在底泥对苯胺的吸附中,苯胺分子可能通过静电作用、氢键、范德华力等物理方式,或通过与底泥中的矿物质、有机物等发生化学反应,被底泥吸附固定。

2. 仪器及试剂

①仪器:加速溶剂萃取仪(如HPSE-6 Ultra)、全自动真空平行浓缩仪(如MVP)、液相色谱质谱联用仪(LC-MS/MS)、冷冻干燥机、研磨机、过筛设备、离心机、棕色螺口玻璃瓶、固相萃取装置、真空泵。

②试剂:苯胺类化合物标准工作液(如50 μg/mL,溶剂体系为甲醇)、丙酮(色谱纯)、甲醇(色谱纯)、正己烷(色谱纯)、分析纯(五水合硫代硫酸钠)、石英砂(400℃干燥4 h后备用)、C18固相萃取柱(如1000 mg/6 mL)、提取溶剂(含1%氨水的正己烷丙酮混合液,$V_{正己烷}:V_{丙酮}=1:1$)。

3. 实验环节中的危险因素

①化学试剂毒性:苯胺类化合物具有毒性。

②易燃易爆:甲醇、丙酮等有机溶剂易燃易爆,需远离火源。

③机械伤害:研磨机、离心机等设备可能造成机械伤害。

4. 应采取的防范措施

①个人防护:穿戴合适的防护眼镜、手套和实验服,必要时佩戴防毒面具。

②通风条件:实验应在通风橱内进行,确保空气流通,减少有害气体的积聚。

③规范操作:严格按照实验规程操作,避免试剂溅出和泄漏。

④设备检查:使用前检查设备是否完好,确保安全使用。

⑤电气安全：使用电器设备时，需确保电源接地良好，避免触电。
⑥紧急处理：熟悉实验室的紧急处理措施，如发生泄漏或火灾，应立即采取相应措施。

5. 应急处置方法

①试剂泄漏：立即用沙子或惰性材料覆盖泄漏物，防止其扩散，并用大量水冲洗泄漏区域。
②火灾：使用干粉灭火器或泡沫灭火器扑灭初期火灾，切勿使用水灭火。
③人员中毒：立即将中毒者移至空气新鲜处，脱去污染衣物，用清水冲洗皮肤，必要时送医治疗。
④设备故障：立即停止实验，切断电源，并向实验室负责人报告。

9.17 水硬度的测定实验风险评估及应急防范措施

1. 实验原理

水硬度的测定实验主要通过测算钙镁离子在水中的含量以确定水的硬度。钙镁离子的含量越高，水的硬度就越大。实验中，常利用EDTA（乙二胺四乙酸二钠二水化合物）作为滴定剂，在pH=10的条件下，EDTA能与钙镁离子形成稳定的配离子；同时，使用铬黑T作为指示剂。当滴定至终点时，溶液的颜色由紫红色变为蓝色，从而指示出EDTA与钙镁离子反应完全，以此滴定终点计算出水的硬度。

2. 仪器及试剂

①仪器：酸式滴定管（如50 mL）、移液管（如10 mL、25 mL、50 mL等）、锥形瓶（如250 mL）、容量瓶（如100 mL、1 L等）、研钵（用于研磨固体指示剂）、烘箱（用于烘干金属锌等）、天平（用于精确称量试剂）。
②试剂：乙二胺四乙酸二钠二水化合物（用于配制EDTA标准溶液）、氯化铵（用于配制氨缓冲溶液）、浓氨水、铬黑T（用于配制指示剂）、无水乙醇、金属锌（高纯度，用于配制锌标准溶液）、盐酸（用于溶解金属锌）、蒸馏水（用于稀释和配制溶液）。

3. 实验环节中的危险因素

①化学试剂毒性：EDTA、铬黑T等化学试剂可能对人体有害。
②腐蚀性：浓氨水等试剂具有腐蚀性，可能对皮肤和眼睛造成伤害。
③火灾风险：乙醇等易燃试剂的使用增加了火灾的风险。
④机械伤害：研钵、移液管等玻璃仪器可能造成机械伤害。

4. 应采取的防范措施

①个人防护：穿戴合适的实验服、手套、防护眼镜等个人防护装备。
②通风条件：实验应在通风橱内进行，确保空气流通，减少有害气体的积聚。
③规范操作：严格按照实验规程操作，避免试剂溅出和泄漏。

④储存化学试剂：将化学试剂储存在指定位置，远离火源和热源，确保安全。
⑤仪器检查：使用前检查仪器是否完好，避免使用破损或不合格的仪器。

5. 应急处置方法

①皮肤、眼睛接触：若发生皮肤接触，立即脱去被污染的衣物，用大量流动清水冲洗皮肤至少 15 min，然后就医；若发生眼睛接触，立即提起眼睑，用流动清水或生理盐水冲洗眼睛至少 15 min，然后就医。

②吸入：迅速从现场撤离至空气新鲜处，保持呼吸道通畅。如呼吸困难，应立即就医。

③食入：误食者应立即漱口，并饮用大量清水催吐，然后就医。

④火灾：应使用干粉灭火器或二氧化碳灭火器扑救火灾，切勿使用水灭火。

⑤试剂泄漏：迅速用沙子或惰性材料覆盖泄漏物，防止泄漏物扩散，并立即向实验室负责人报告。

9.18 除尘实验风险评估及应急防范措施

1. 实验原理

除尘实验，特别是静电除尘实验，主要基于静电场的作用原理。在高压电场中，空气分子被电离成正离子和电子，电子在向阳极移动的过程中遇到尘粒，使尘粒带负电并吸附到阳极上。荷电后的尘粒在电场力作用下向集尘极移动并沉积在其表面，振打装置使电极抖动，继而使集尘极表面灰尘脱落沉降到除尘器底部灰斗内，从而实现气体净化的目的。

2. 仪器

静电除尘实验涉及的仪器或部件主要如下。

高压电源：用于生成静电场，一般实验室用直流高压电源，如 W30-50 kV 型高压电源。

集尘极板：作为尘粒沉积的电极。

电晕极：用于产生电晕放电，促进空气电离。

壳体、支架：用于支撑和固定实验装置。

离心风机：提供气体流动的动力。

风量调节阀：用于调节气体流量。

测量管段及连接管道：用于测量和连接实验装置。

荧光屏（可选）：用于检测静电场强度和方向，当电场通过荧光屏时，荧光屏的亮度、分布和颜色变化能反映静电场的强度和方向。

显微镜（可选）：用于观察静电场对微小尘埃粒子的作用效果。

3. 实验环节中的危险因素

①电源危险：高压电源可能导致触电危险，操作不当可能引发电击事故。

②机器运行危险：实验装置在运行过程中，机械故障、零配件松动或脱落等原因可能导致事故。

③粉尘危害：虽然静电除尘实验本身处理的是粉尘，但在实验过程中可能发生的粉尘泄漏会对实验人员健康造成危害。

4. 应采取的防范措施

①电源安全：确保高压电源接地良好，使用绝缘工具操作，避免直接接触高压电源。

②设备检查：进行实验前检查实验装置是否完好，各部件连接是否牢固，确保设备安全运行。

③个人防护：实验人员应穿戴防护眼镜、口罩、手套等个人防护装备，防止粉尘吸入和皮肤接触。

④通风条件：确保实验室内通风良好，减少粉尘积聚和有害气体浓度。

5. 应急处置方法

①触电事故：立即切断电源，使用绝缘工具将触电者与电源分离，对其进行急救并送医治疗。

②机械故障：立即停止实验，关闭实验装置，检查并修复故障部件。

③粉尘泄漏：迅速关闭相关阀门或设备，使用吸尘器或湿布清理泄漏粉尘，确保室内空气质量。

9.19 空气中甲醛的采样与测定实验风险评估及应急防范措施

1. 实验原理

空气中甲醛的测定通常基于化学反应原理，用特定的化学试剂与甲醛发生反应，生成具有特定颜色的化合物或产物，再利用分光光度计等仪器测定其吸光度或浓度。常用的测定方法包括 AHMT 分光光度法、乙酰丙酮分光光度法、酚试剂分光光度法等。以酚试剂分光光度法为例，其原理是甲醛与酚试剂（MBTH）反应生成嗪，嗪在酸性溶液中被高铁离子氧化成蓝绿色化合物，其颜色深浅与甲醛含量成正比，通过测定该化合物的吸光度可计算出空气中甲醛的浓度。

2. 仪器及试剂

①仪器。

空气采样器：用于采集空气中的甲醛样品，通常具有可调节的流量，常用的流量为 $0.5 \sim 1.0$ L/min。

分光光度计：用于测定反应产物的吸光度，从而计算甲醛的浓度。

气泡吸收管或多孔玻板吸收管：用于盛放吸收液并吸收空气中的甲醛。

比色管：用于显色反应后的溶液比色。
恒温水浴锅（可选）：用于控制显色反应的温度，提高测定的准确性。
②试剂。
酚试剂（MBTH）：用于与甲醛反应生成嗪。
吸收液：通常为水或特定浓度的溶液，用于溶解和吸收空气中的甲醛。
硫酸铁铵溶液：作为氧化剂，将嗪氧化成蓝绿色化合物。
其他辅助试剂：如氢氧化钠、硫酸等，用于调节溶液的pH值或进行其他化学处理。

3. 实验环节中的危险因素

①化学试剂的毒性：甲醛、酚试剂等均为有毒化学品，长期接触或吸入可能对人体健康造成危害。
②试剂溅洒：实验过程中若操作不当，可能导致试剂溅洒，造成皮肤或眼睛刺激。
③仪器故障：空气采样器、分光光度计等仪器的故障可能影响实验结果的准确性。

4. 应采取的防范措施

①个人防护：实验人员应穿戴防护眼镜、实验服和手套，避免直接接触有毒试剂。在进行实验前，应确保实验室通风良好，以减少有害气体的浓度。
②规范操作：严格按照实验步骤进行操作，避免试剂溅洒。
③仪器检查：实验前应对仪器进行检查，确保其处于良好工作状态。实验过程中应注意观察仪器运行情况，如有异常应及时处理。

5. 应急处置方法

①试剂溅洒：立即用大量清水冲洗溅洒区域和受污染的皮肤或衣物。若溅入眼睛，应立即用大量清水冲洗眼睛，并尽快就医。
②吸入有毒气体：迅速将人员移至通风良好的地方，保持其呼吸道通畅。若出现严重症状，如呼吸困难、胸闷等，应立即送其就医。
③仪器故障：立即停止实验，检查故障原因并修复仪器。若无法修复，应更换备用仪器继续实验或重新安排实验时间。

9.20 空气中NO_x的测定实验风险评估及应急防范措施

1. 实验原理

空气中氮氧化物（NO_x）的测定主要采用盐酸萘乙二胺分光光度法。该方法的原理是先将空气中的一氧化氮（NO）通过三氧化铬（CrO_3）氧化管氧化成二氧化氮（NO_2）。随后，二氧化氮被吸收液吸收，形成亚硝酸（HNO_2）。亚硝酸与吸收液中的对氨基苯磺酸发生重氮化反应，再与盐酸萘乙二胺偶合，生成玫瑰红色偶氮染料。最后，在特定波长（如540 nm）下测定显色溶液的吸光度，根据吸光度值换算出氮氧化物的浓度。

2. 仪器及试剂

①仪器：空气采样器（如 KC-6 型）、多孔玻板吸收管、双球玻璃氧化管（内部涂有三氧化铬催化剂的石英砂）、分光光度计、比色皿、容量瓶、移液管、温度计、大气压力计。

②试剂：显色液（由对氨基苯磺酸和盐酸萘乙二胺配制）、吸收液（由显色液和水按一定比例混合）、亚硝酸钠标准贮备液及标准使用溶液、冰醋酸、重蒸馏水或去离子水。

3. 实验环节中的危险因素

①化学试剂毒性：实验中使用的对氨基苯磺酸、盐酸萘乙二胺等化学试剂具有一定毒性，长期接触可能对皮肤和眼睛造成伤害。

②氧化剂风险：三氧化铬是强氧化剂，具有腐蚀性，接触皮肤或吸入其粉尘会造成严重伤害。

③火灾和爆炸风险：实验过程中如操作不当，可能引起火灾或爆炸。

④光化学反应：某些试剂在光照下可能发生化学反应，影响实验结果的准确性。

4. 应采取的防范措施

①个人防护：实验人员应穿戴好防护服、手套、护目镜等个人防护装备，避免皮肤直接接触试剂。

②通风良好：实验应在通风橱内进行，确保室内空气流通，减少有害物质的积聚。

③规范操作：严格按照实验步骤进行操作，避免试剂溅出或吸入。

④试剂管理：化学试剂应存放在阴凉、干燥、通风良好的地方，远离火源和热源。

⑤应急准备：实验室内应配备急救箱和灭火器等应急设备，以便在发生意外时及时处置。

5. 应急处置方法

①皮肤接触或眼睛接触：若发生皮肤接触，立即用大量清水冲洗接触部位，并尽快就医；若发生眼睛接触，立即用大量清水冲洗眼睛至少 15 min，并尽快就医。

②吸入：迅速将人员转移至空气新鲜处，保持其呼吸道通畅，必要时进行人工呼吸或心肺复苏，并尽快就医。

③试剂泄漏：立即用沙土、干布等覆盖泄漏物，防止其扩散，并尽快清理。若泄漏量大，应启动应急预案，通知相关人员处理。

④火灾：立即使用灭火器进行扑救，并通知消防部门。在扑救过程中，应注意自身安全，避免直接接触火源和高温物质。

9.21 模拟有机废气的催化氧化实验风险评估及应急防范措施

1. 实验原理

模拟有机废气的催化氧化实验主要原理是催化剂在较低温度下促进废气中可燃物质的氧化分解，将有害的有机废气转化为无害的二氧化碳和水。催化燃烧法利用催化剂的催化作用，降低氧化反应的活化能，使得大多数碳氢化合物在 300～450 ℃ 的温度下完全氧化。催化剂的载体通常由多孔材料制成，具有较大的比表面积和合适的孔径，有助于增加氧和有机气体接触碰撞的机会，从而提高反应活性。

2. 仪器及试剂

①仪器：模拟废气储罐、预热管道、管式换热器、进气管道、催化氧化器、出气管道、排放管道、温度传感器、气体浓度监测仪、通风设备。

②试剂：催化剂（如铂、钯等负载在多孔载体上）、模拟有机废气（如甲苯、二甲苯等 VOCs）、氧气、氮气（用于稀释和安全保护）。

3. 实验环节中的危险因素

①火灾和爆炸风险：由于有机废气易燃易爆，若浓度过高或处理不当，易引发火灾或爆炸。

②中毒：某些有机废气具有毒性，长期接触或吸入可能对人体健康造成危害。

③高温灼伤：催化氧化过程中温度较高，操作不当可能导致高温灼伤。

④催化剂污染：催化剂易受污染，影响催化效果，甚至导致设备损坏。

4. 应采取的防范措施

①严格控制废气浓度：在进入催化氧化器前，通过稀释或预处理手段确保废气浓度在安全范围内。

②使用防爆设备：选用防爆电器和防爆设备，确保实验环境的安全性。

③通风良好：实验室内应保持良好通风，以降低有害气体浓度。

④检测和维护：定期对设备进行检测和维护，确保催化剂活性和设备正常运行。

⑤个人防护：操作人员应穿戴防护眼镜、防毒面具等个人防护装备。

5. 应急处置方法

①火灾和爆炸：立即启动应急预案，迅速切断气源和电源。使用灭火器材进行初期灭火，并通知消防部门协助灭火。将人员撤离至安全区域，确保人员安全。

②中毒：将中毒人员迅速移至空气新鲜处，解开衣领，保持呼吸道通畅。若中毒严重，应立即送往医院救治。若为催化剂中毒，应停止实验，关闭催化氧化器。检查催化剂中毒原因，对催化剂进行必要的清洗或更换。

③高温灼伤：迅速用冷水冲洗灼伤部位，以降低温度。涂抹烫伤膏等药物，并尽快就医。

9.22 富营养化水体中藻类的测定与评价实验风险评估及应急防范措施

1. 实验原理

富营养化水体中藻类的测定与评价实验主要通过测定水体中叶绿素 a 的含量以定量检测藻类的生物量。叶绿素 a 是所有藻类的主要光合色素，其含量能够反映藻类光合作用潜力和生物量的多少。因此，叶绿素 a 常被作为衡量藻型湖泊水体中藻类现存量的代表性参数及评价水体富营养化状况的主导因子。通过分光光度法测量叶绿素 a 提取液在特定波长下的光密度，可以计算出水体中叶绿素 a 的含量，进而评价水体的富营养化程度。

2. 仪器及试剂

①仪器：分光光度计（波长选择大于 750 nm，精度为 0.3~2 nm）、离心机（如台式离心机，转速 3000~4000 r/min）、冰箱、真空泵、抽滤装置（如蔡氏滤器、滤膜，滤膜孔径通常为 0.45 μm）、研钵或匀浆器、比色皿、离心管（如 15 mL 具刻度和塞子的离心管）。

②试剂：90% 的丙酮溶液（用于提取叶绿素 a）、$MgCO_3$ 悬液（可选，用于某些特定实验步骤）、水样（待测富营养化水体）。

3. 实验环节中的危险因素

①火灾与爆炸风险：丙酮为易燃易爆化学品。
②机械伤害：离心机、研钵等仪器可能造成机械伤害。
③生物污染：处理水样时可能接触到微生物。
④电气安全风险：电器设备可能导致触电事故。

4. 应采取的防范措施

①化学品管理：丙酮等易燃易爆化学品应储存在阴凉通风处，远离火源和热源。
②仪器操作规范：使用离心机、研钵等仪器时，应遵守操作规程，确保设备稳定运行。
③个人防护：实验过程中应全程佩戴防护眼镜、手套等个人防护装备，避免直接接触化学品和微生物。
④电气安全：使用电器设备前，应检查电源线和插头是否完好，确保设备接地良好。使用过程中应避免湿手操作，以防触电。

5. 应急处置方法

①化学品泄漏：若丙酮等化学品泄漏，应立即用沙土或干布覆盖泄漏物，并收集至专用容器中。切勿用水冲洗，以免扩大污染范围。
②火灾事故：应立即切断电源，使用灭火器进行初期灭火，并拨打火警电话报警。
③人员受伤：应立即停止实验，将受伤人员移至安全区域，并根据伤情采取相应的

急救措施。如伤势严重，应立即送往医院救治。

④设备故障：应立即切断电源，并联系专业人员进行维修。切勿私自拆卸或修理设备，以免造成更大的损失或危险。

9.23 颗粒自由沉淀实验风险评估及应急防范措施

1. 实验原理

颗粒自由沉淀实验的原理主要基于重力作用，使颗粒在液体中自由沉降。在实验中，通过将颗粒悬浮液从固定高度倒入透明的垂直圆柱形容器（如沉淀管）中，观察颗粒在不同时间点的沉降高度。根据斯托克斯定律（Stokes'law），当颗粒大小远大于液体分子时，颗粒在稳态下会以一个恒定速度沉降，这一速度称为终端沉降速度。终端沉降速度取决于颗粒的直径、形状和密度等属性。通过测量和记录颗粒的沉降高度与时间，可以推断出颗粒的直径或密度信息。需要注意的是，该实验原理基于一些假设，如忽略颗粒间的相互作用力和颗粒与液体间的表面张力等，实际应用中可能需要结合其他因素进行分析。

2. 仪器及试剂

①仪器：沉淀管或类似的透明垂直圆柱形容器，标尺或刻度盘（用于测量沉降高度），秒表（用于记录时间），分析天平（用于精确测量样品质量），恒温烘箱（用于干燥样品），器具如量筒、三角瓶、漏斗、玻璃棒、称量瓶等，真空泵及过滤装置（用于过滤水样中的悬浮颗粒）。

②试剂：待测颗粒悬浮液（如含有不同颗粒的水样）、蒸馏水（用于清洗过滤装置和稀释样品）、定量滤纸（用于过滤水样中的悬浮颗粒）。

3. 实验环节中的危险因素

①机械伤害：使用玻璃仪器（如量筒、漏斗等）时，若操作不当可能导致割伤或划伤。

②烫伤：从恒温烘箱中取出样品时，若未采取防护措施，可能因高温而烫伤。

③化学试剂风险：虽然本实验不涉及强酸强碱等有害试剂，但仍存在试剂溅入眼睛或皮肤的风险。

④电气安全风险：使用电器设备（如烘箱、真空泵等）时，若操作不当或设备老化，可能导致触电。

4. 应采取的防范措施

①个人防护：穿戴实验服、手套和防护眼镜，以防止机械伤害和化学试剂溅至眼睛或皮肤。

②设备检查：在实验前检查所有仪器是否完好，特别是玻璃仪器是否存在裂纹或破损。

③规范操作：严格按照实验步骤进行操作，避免使用破损或不合格的仪器。

④电气安全：确保电器设备接地良好，使用前检查电源线是否完好，避免湿手操作电器设备。

⑤防火防爆：虽然本实验不涉及易燃易爆试剂，但仍需保持实验室通风良好，并远离火源。

5. 应急处置方法

①机械伤害：若发生割伤或划伤，应立即用流动水冲洗伤口，并用创可贴或纱布包扎。若伤口较深或出血不止，应及时就医。

②烫伤：应立即用冷水冲洗烫伤部位以降低温度，并涂抹烫伤膏。若烫伤严重或面积较大，应及时就医。

③化学试剂溅入眼睛或皮肤：应立即用大量流动水冲洗眼睛或皮肤至少 15 min，并尽快就医。

④触电：应立即切断电源并使用绝缘物体将触电者与电源分离。若触电者失去意识或呼吸停止，应立即进行心肺复苏并拨打急救电话。

⑤火灾：应立即切断电源并使用灭火器进行初期灭火。若火势无法控制，应立即撤离并拨打火警电话报警。

9.24 废塑料热分解实验风险评估及应急防范措施

1. 实验原理

废塑料热分解实验的原理基于高分子聚合物在高温下的化学键断裂和重组。当温度升高，高聚物分子中的一部分化学键将处于高度激发状态，其对应的能量大大超过活化能，导致化学键断裂，小分子单体从高聚物凝聚相中离析出来。这一过程中，聚合物的分解产物随温度、气氛等条件的不同而有所变化，可能包括烃类气体（如甲烷、乙烯等）、液体油分以及固体残渣等。

2. 设备及材料

①设备。

热解反应器：用于对废塑料进行高温加热，使其发生热分解反应。常见的热解反应器有塔式、炉式、槽式、管式炉、流化床和挤出机等。

加热装置：如电加热炉、燃气加热炉等，用于提供热解所需的温度。

冷凝装置：用于将热解产生的气体冷却并收集为液体或固体产物。

分离和纯化设备：如分离器、过滤器、蒸馏塔等，用于进一步处理热解产物，提高其纯度和质量。

②材料。

废塑料样品：包括聚乙烯（PE）、聚丙烯（PP）、聚氯乙烯（PVC）等不同种类的废塑料。

催化剂（可选）：在催化热解过程中使用，以提高热解反应的效率和产物的质量。常用的催化剂有金属氧化物、负载型催化剂和酸催化剂等。

清洗和干燥材料：如溶剂、水、干燥剂等，用于废塑料的预处理。

3. 存在的风险

①火灾和爆炸风险：高温加热过程中，废塑料可能产生易燃易爆气体，如甲烷、乙烯等，若处理不当可能引发火灾或爆炸。

②有毒气体释放：某些废塑料在热分解过程中可能产生有毒气体，如氯化氢（PVC分解产物）、二噁英等，对人体健康和环境造成危害。

③高温灼伤：实验过程中涉及高温设备和材料，若操作不当可能导致人员灼伤。

④设备故障：热解设备在运行过程中可能出现故障，如加热不均匀、冷却系统失效等，影响实验安全和结果。

4. 应采取的防范措施

①严格操作规范：制定详细的安全操作规程，确保实验人员熟悉并掌握实验流程和安全要求。

②安装通风排气系统：通风排气系统能及时将热解过程中产生的气体排出室外，减少有毒气体对实验人员的危害。

③防火防爆：在热解反应器周围设置防火设施，如灭火器、沙箱等，并定期进行安全检查和维护。

④个人防护装备：实验人员应穿戴耐高温、防火的防护服、手套、面罩等个人防护装备。

⑤设备维护保养：定期对热解设备进行维护保养，确保其正常运行和安全性。

5. 应急处置方式

①火灾：应立即切断电源和气源，使用灭火器进行初期扑救，并迅速报警求助。

②有毒气体泄漏：立即开启通风设备，将实验人员疏散至安全地带，并通知相关部门进行紧急处理。

③高温灼伤：迅速将受伤部位置于冷水中降温，并根据伤情涂抹烫伤药膏或就医治疗。

④设备故障：立即停止实验，切断电源和气源，对故障设备进行排查和维修，必要时联系专业人员进行处理。

9.25 有机垃圾厌氧发酵产甲烷实验风险评估及应急防范措施

1. 实验原理

有机垃圾厌氧发酵产甲烷实验的原理主要基于微生物在无氧环境中的生物化学反应。在这个过程中，厌氧性细菌和古细菌通过分解有机垃圾中的有机物质（如蛋白质、碳水化合物、脂肪等），首先形成醋酸、氨和二氧化碳等中间产物。随后，这些中间产物被甲烷生成细菌进一步转化为甲烷气体。整个过程发生在缺氧环境中，如沼气池、厌氧发酵罐等。

2. 设备及材料

①设备。

厌氧发酵罐：用于容纳有机垃圾和厌氧微生物，提供无氧环境。
加热装置：如恒温水浴箱，用于维持发酵罐内的适宜温度。
气体收集装置：如集气瓶和气体流量计，用于收集并测量产生的甲烷气体。
搅拌装置：如磁力搅拌器或机械搅拌器，用于确保发酵过程中的物料混合均匀。
温度控制器：用于精确控制发酵罐内的温度，保证微生物的活性。

②材料。

有机垃圾：如餐厨垃圾、农业废弃物等，作为发酵的底物。
接种物：含有厌氧性细菌和古细菌的污泥或培养物，用于启动发酵过程。
缓冲溶液：用于调节发酵液的pH值，维持微生物生长所需的适宜环境。
营养物质（可选）：如氮源、磷源等，用于补充微生物生长所需的营养元素。

3. 存在的风险

①爆炸：如果发酵罐密封不严或操作不当，可能导致甲烷泄漏并引发爆炸。
②中毒：厌氧发酵过程中可能产生硫化氢等有毒气体，对操作人员构成健康威胁。
③生物污染：如果发酵过程中引入杂菌或病原体，可能影响甲烷的产量和纯度，甚至造成生物污染。
④设备故障：发酵罐、加热装置等设备的故障可能影响实验的顺利进行，甚至导致实验失败。

4. 应采取的防范措施

①确保密封性：定期检查发酵罐的密封性，防止甲烷等气体泄漏。
②通风良好：在操作过程中保持实验室通风良好，及时排除有害气体。
③安全操作：操作人员应穿戴防护服、手套等个人防护装备，并接受专业培训。
④定期消毒：对发酵罐、接种物等实验材料进行定期消毒处理，防止杂菌污染。
⑤设备维护：定期对实验设备进行维护保养，确保其正常运行和安全性。

5. 应急处置方式

①甲烷泄漏：立即关闭发酵罐的进气口和排气口，切断电源和气源；使用防爆工具进行处理；开启通风设备排除有害气体；如情况严重应立即报警并疏散人员。
②中毒事故：将中毒人员迅速移至空气新鲜处；松开中毒人员衣领、腰带等紧身衣物，保持其呼吸道通畅；如情况严重应立即送医救治。
③设备故障：立即停止实验并切断电源；检查故障原因并进行修复，如无法修复应及时联系专业人员进行处理。

9.26 固体废物"三成分"的测定实验风险评估及应急防范措施

1. 实验原理

固体废物的"三成分"测定实验主要目的是确定固体废物中的水分、可燃分（包括挥发分和固定碳）以及灰分的含量。这些成分是评定固体废物性质、选择处理处置方式以及设计处理处置设备的重要依据。

实验过程简述如下。

①水分测定：将固体废物试样在 105℃±5℃ 的温度下烘干，通过测定烘干前后试样的质量差来确定水分的含量，用 $W(\%)$ 表示。

②可燃分测定：取烘干后的固体废物试样，在 815℃±5℃ 的温度下灼烧，通过测定灼烧前后试样的质量差确定可燃分的含量，用 $CS(\%)$ 表示。可燃分包括挥发分和固定碳，其中挥发分是指在 600℃±20℃ 下灼烧 3 h 所散失的有机质含量，常用 $VS(\%)$ 表示。

③灰分测定：灼烧后的残余物即灰分，用 $A(\%)$ 表示。灰分是指固体废物中既不能燃烧也不会挥发的物质。

2. 设备及材料

①设备。

烘箱：用于烘干固体废物试样，温度控制在 105℃±5℃。

马弗炉：用于灼烧固体废物试样，温度控制在 815℃±5℃（或 600℃±20℃ 用于挥发分测定）。

电子天平：用于精确称量试样和坩埚的质量。

干燥器：用于存放冷却后的坩埚和试样，防止吸湿。

坩埚：容积通常为 30 mL 或 50 mL，用于盛放须灼烧的试样。

②材料。

固体废物试样：根据实验需求采集并制备的固体废物样品。

坩埚钳：用于夹取高温下的坩埚。

干燥剂：用于填充干燥器，保持内部干燥环境。

3. 存在的风险

①高温灼伤：马弗炉和烘箱在工作时温度极高，操作不当可能导致人员灼伤。

②火灾风险：如果试样中含有易燃物质，且处理不当，可能引发火灾。

③化学危害：某些固体废物可能含有有毒有害物质，在处理过程中可能对人体健康造成危害。

④设备故障：烘箱、马弗炉等设备的故障可能影响实验的顺利进行，甚至导致实验失败。

4. 应采取的防范措施

①安全操作：操作人员应穿戴防护服、手套等个人防护装备，并接受专业培训；在操作过程中应严格遵守实验室安全规定和操作规程。

②设备检查：定期对烘箱、马弗炉等设备进行检查和维护保养，确保其正常运行和安全性。

③通风良好：保持实验室通风良好，及时排除有害气体和蒸气。

④样品处理：对含有易燃、易爆或有毒有害物质的固体废物样品进行特殊处理，确保安全。

5. 应急处置方式

①高温灼伤：立即将受伤部位置于冷水中降温，并根据伤情涂抹烫伤药膏或就医治疗。

②火灾事故：立即切断电源和气源，使用灭火器进行初期扑救，并迅速报警求助。

③化学危害：如不慎接触有毒有害物质，应立即用大量清水冲洗接触部位，并就医治疗。

④设备故障：立即停止实验并切断电源，检查故障原因并进行修复，如无法修复应及时联系专业人员进行处理。

9.27 固体废物浸出无机阴离子实验风险评估及应急防范措施

1. 实验原理

固体废物浸出无机阴离子实验的原理主要是模拟固体废物在自然环境（如雨水淋溶、地下水渗透等）中的浸出过程，通过一定的提取方法将废物中的无机阴离子（如氟离子 F^-、氯离子 Cl^-、硝酸根离子 NO_3^-、亚硝酸根离子 NO_2^-、硫酸根离子 SO_4^{2-} 等）溶解并提取出来，随后采用适当的分析手段（如离子色谱法）对浸出液中的无机阴离子进行定性和定量分析。

2. 设备及材料

①设备。

翻转振荡器：用于模拟自然条件下的浸出过程，通过振荡使固体废物与浸提剂充分接触，提高浸出效率。

离子色谱仪：用于对浸出液中的无机阴离子进行定性和定量分析，具有灵敏度高、选择性好、分析速度快等优点。

过滤器及滤膜：用于对浸出液进行过滤处理，去除其中的悬浮物和杂质，保证分析结果的准确性。

容量瓶、移液管等玻璃器皿：用于浸出液的配制和取样。

②材料。

固体废物样品：为根据实验需求采集并制备的固体废物样品。

浸提剂：通常为酸性溶液（如硝酸/硫酸混合溶液），用于模拟酸性环境下的浸出过程。

标准溶液：用于离子色谱仪的校准和定量分析的标准溶液，包括各种无机阴离子的标准溶液。

去离子水：用于配制浸提剂和洗涤玻璃器皿。

3. 存在的风险

①化学试剂危害：浸提剂（如硝酸、硫酸）为强酸，具有腐蚀性，操作不当可能对人体造成伤害。

②环境污染：浸出过程中可能产生有害气体或液体，若处理不当可能对环境造成污染。

③设备故障：翻转振荡器、离子色谱仪等设备可能出现故障，影响实验的顺利进行。

4. 应采取的防范措施

①个人防护：操作人员应穿戴防护服、手套、护目镜等个人防护装备，防止化学品直接接触皮肤或眼睛。

②通风良好：实验室内应保持良好的通风条件，及时排出有害气体和蒸气。

③设备检查：定期对实验设备进行检查和维护保养，确保其正常运行和安全性。

④废液处理：浸出实验产生的废液应按照相关规定进行处理，不得随意排放。

5. 应急处置方式

①化学试剂伤害：如发生化学品溅到皮肤或眼睛上的情况，应立即用大量清水冲洗受伤部位，并就医治疗。

②设备故障：应立即停止实验并切断电源，检查故障原因并进行修复或联系专业人员进行处理。

③环境污染：应立即启动应急预案，采取措施控制污染扩散，并报告相关环保部门。

9.28 固体废物浸出毒性（重金属）实验风险评估及应急防范措施

1. 实验原理

固体废物浸出毒性实验的原理主要是模拟固体废物在自然环境（如雨水淋溶、地下水渗透等）中的浸出过程，通过特定的提取方法将废物中的重金属（如铅、镉、铬、铜、镍、锌等）溶解并提取出来，随后采用适当的分析手段（如原子吸收光谱法、电感耦合等离子体质谱法等）对浸出液中的重金属进行定性和定量分析。当浸出的重金属量值超过相关法规提出的阈值时，则该废物具有浸出毒性，可能对环境和人体健康造成危害。

2. 设备及材料

①设备。

翻转式振荡装置：用于模拟自然条件下的浸出过程，通过振荡使固体废物与浸提剂充分接触，提高浸出效率。

分析仪器：如原子吸收光谱仪、电感耦合等离子体质谱仪等，用于对浸出液中的重金属进行定性和定量分析。

过滤器及滤膜：用于对浸出液进行过滤处理，去除其中的悬浮物和杂质，保证分析结果的准确性。

实验容器：如锥形瓶、烧杯、容量瓶、移液管等玻璃器皿，用于样品的称取、浸提、稀释和取样等操作。

②材料。

固体废物样品：根据实验需求采集并制备的固体废物样品。

浸提剂：通常为酸性溶液（如硝酸/硫酸混合溶液），用于模拟酸性环境下的浸出过程。具体比例和pH值需根据实验标准或方法确定。

标准溶液：用于分析仪器校准和定量分析的标准溶液，包括各种重金属的标准溶液。

纯水：用于配制浸提剂和洗涤玻璃器皿。

3. 存在的风险

①化学试剂危害：浸提剂（如硝酸、硫酸）为强酸，具有腐蚀性，操作不当可能对人体造成伤害。

②环境污染：浸出过程中可能产生有害气体或液体，若处理不当可能对环境造成污染。

③健康风险：长期接触或吸入浸出液中的重金属可能对人体健康造成危害，如神经系统损伤、肝肾损伤等。

4. 应采取的防范措施

①个人防护：操作人员应穿戴防护服、手套、护目镜等个人防护装备，防止化学品直接接触皮肤或眼睛。

②通风良好：实验室内应保持良好的通风条件，及时排除有害气体和蒸气。

③设备检查：定期对实验设备进行检查和维护保养，确保其正常运行和安全性。

④样品处理：在处理固体废物样品时，应注意避免扬尘和飞溅，以减少对环境的污染和对人体的危害。

⑤废液处理：浸出实验产生的废液应按照相关规定进行处理，不得随意排放。通常采用中和、沉淀、过滤等方法对废液进行无害化处理。

5. 应急处置方式

①化学试剂伤害：如发生化学品溅到皮肤或眼睛上的情况，应立即用大量清水冲洗受伤部位，并就医治疗。

②设备故障：应立即停止实验并切断电源，检查故障原因并进行修复或联系专业人员进行处理。

③环境污染：应立即启动应急预案，采取措施控制污染扩散，并报告相关环保部门。同时，对受污染的土壤、水体等进行修复处理，以减少对环境的长期影响。

第10章 实验室事故应急处置

10.1 应急预案

实验室应急预案的制定是为了有效预防实验室事故的发生，使得实验人员掌握应急处置技能，做到人人讲安全、个个会应急，并在事故发生时能够迅速、高效、有序地进行应急处置，以保障实验室人员的人身安全，最大限度降低人员伤亡，减少财产损失，防止事故扩大。制定和执行实验室应急预案，可以显著提高实验室的安全管理水平，有效预防和应对各类突发事件的发生。一般实验室应急预案应包括总则、组织机构与职责、应急准备、应急响应、事后处置和附则，应急预案内容示例见附件5。

附件5

应急预案

1. 总则

目的：为了有效预防、及时控制和消除实验室突发事件及其危害，指导和规范各类实验室突发事件的应急处理工作，最大程度地减少突发事件对实验室人员造成的危害，保障实验室人员健康与生命安全，维护正常的教学、科研秩序，特制定本预案。

适用范围：本预案适用于学校、科研机构等各类实验室中可能发生的火灾、爆炸、危险化学品泄漏、触电、中毒等各类突发事件。

2. 组织机构与职责

①应急领导小组包括以下人员。

组长：负责全面指挥协调应急工作，一般由实验室安全工作小组组长担任。

副组长：协助组长进行应急指挥，负责具体应急措施的落实，一般由实验室安全工作小组副组长担任。

成员：包括实验室管理人员、安全保卫人员、医务人员等，负责各自职责范围内的应急工作。

②职责分工。

组长：负责应急预案的制定、修订和实施，指挥协调应急救援工作。

副组长：协助组长工作，负责具体应急措施的制定和实施。

实验室管理人员：负责日常安全检查和隐患排查，事故发生时负责组织人员疏散和初期处置。

安全保卫人员：负责维护现场秩序，协助应急救援工作。

医务人员：负责现场救护和伤员转运工作。

3. 应急准备

①安全教育。

对实验室人员进行定期的安全教育和培训，提高安全意识。相关人员学习实验室规则，杜绝违规操作实验引发安全事故。

②设施设备。

确保实验室配备足够的消防器材（如灭火器、灭火毯、消防栓等）和急救设备（如应急柜、急救箱、喷淋洗眼器等）。定期检查和维护设施设备，确保其处于良好状态。

③应急演练。

定期组织应急演练，提高实验室人员的应急反应能力和自救互救能力。

4. 应急响应

①应急处置基本原则。

以人为本，预防为主，快速反应，科学决策，统一指挥，协调联动，信息公开，依法处置。

在日常实验中，应注意风险的防控，最大限度降低事故发生概率。处理突发事件时，应评估事态的风险，受过训练或有把握处置的人员在有所需应急处置物品并确保自身安全的情况下才可进行应急处置，严禁盲目处置。应针对高风险实验，做好应急预案，备好应急处置物资。

②应急处置流程（图10-1）。

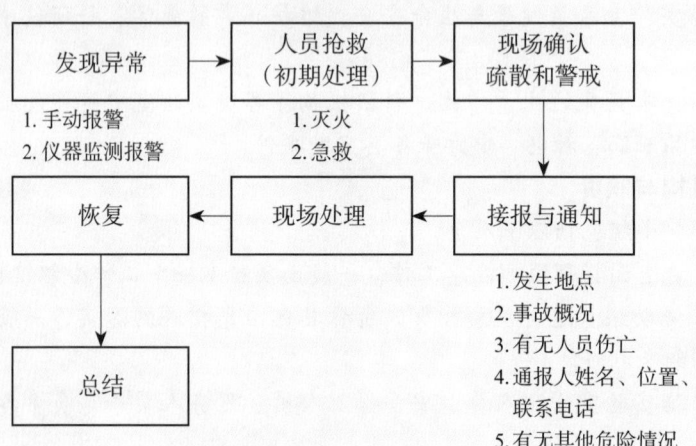

图10-1 应急处置流程图

③环境实验室常见突发事故。

化学类：化学品暴露（一般酸碱和氢氟酸）、气体泄漏、化学品泄漏、容器膨胀；

物理类：玻璃割伤、高温烧烫伤、触电、火灾、爆炸。

④泄漏源控制。

火灾事故：发现火情后立即切断电源，使用灭火器进行初期扑救；火势无法控制时立即拨打"119"报警，并疏散人员至安全地带；配合消防部门进行灭火救援工作。

爆炸事故：发生爆炸后立即切断相关设备电源和气体源；组织人员疏散至安全地带，并拨打"120"急救电话；对受伤人员进行初步救护，等待专业救援人员到达。

危险化学品泄漏：发现泄漏后立即切断泄漏源，穿戴好防护装备；使用沙土、吸附棉等物品围堵泄漏物，防止扩散；根据泄漏物质的性质采取相应的中和、稀释等措施；及时报告上级部门并请求专业救援队伍支援。

触电事故：发现触电者后立即切断电源或使用绝缘物挑开电线；对触电者进行初步救护（如人工呼吸、心肺复苏等），并拨打"120"急救电话；在专业救援人员到达前持续进行救护工作。

中毒事故：发现中毒者后立即将其移至空气新鲜处，解开衣领保持呼吸道通畅；根据中毒物质的性质采取相应的解毒措施（如催吐、洗胃等）；及时拨打"120"急救电话并报告上级部门。

5. 后期处置

事故调查：成立事故调查组对事故原因进行调查分析，形成书面报告；根据调查结果提出整改措施和建议，防止类似事故再次发生。

善后处理：对受伤人员进行妥善安置和救治，做好家属安抚工作；对受损设施设备进行修复或更换，恢复正常教学、科研秩序。

6. 附则

预案修订：根据实际情况和法律法规的变化适时修订本预案。

预案解释：本预案由应急领导小组负责解释。

10.2 应急处置物资

10.2.1 检测类设备

单一（氨气）泵吸式气体检测报警仪（图10-2），四合一（可燃气、氧气、硫化氢、一氧化碳）泵吸式气体检测报警仪（图10-3），VOC泵吸式气体检测报警仪（图10-4），汞浓度测定仪（图10-5）。

图 10-2　单一（氨气）泵吸式气体检测报警仪　　图 10-3　四合一（可燃气、氧气、硫化氢、一氧化碳）泵吸式气体检测报警仪

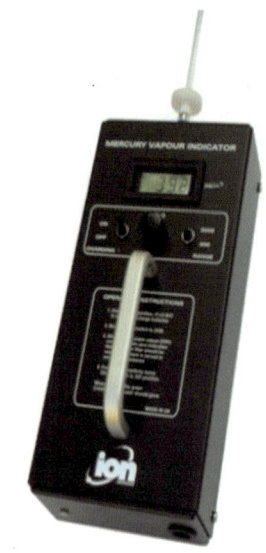

图 10-4　VOC 泵吸式气体检测报警仪　　图 10-5　汞浓度测定仪

10.2.2　个体防护用品

防护服（A 级防护见图 10-6，B 级防护见图 10-7，C 级防护见图 10-8，D 级防护图 10-9，普通防护见图 10-10），呼吸器官防护用品、手部防护用品和足部防护用品见第 2 章"个体防护用品选择与佩戴"。

图10-6　全封闭A级防护服，可防护300多种化学品，附带双层手套，附带袜靴　　图10-7　B级防护服，可耐多种有机物，可隔绝生物制剂　　图10-8　C级防护服，耐多种高浓度无机物，可隔绝生物制剂

图10-9　D级医用防护服，可隔绝病原微生物　　图10-10　反穿式隔离衣，用作普通隔离

10.2.3　其他辅助物品

布基胶带（图10-11）用于密封防护用品连接处、封危废垃圾袋、收集汞珠。对讲机（图10-12）用于内外部通信。移动推车（图10-13）用于暂存应急处置物资。防静电四脚凳（图10-14）用于穿脱个体防护用品。防爆头灯（图10-15）或手电筒用于现场应急处置照明。

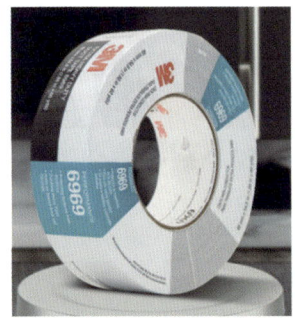  

图10-11　布基胶带　　图10-12　对讲机　　图10-13　移动推车

图 10-14　防静电四脚凳

图 10-15　防爆头灯

10.2.4　急救物品

创伤包扎系列用品见图 10-16，心肺复苏系列用品见图 10-17，化学品灼伤系列用品见图 10-18，高温烫伤烧伤膏见图 10-19。

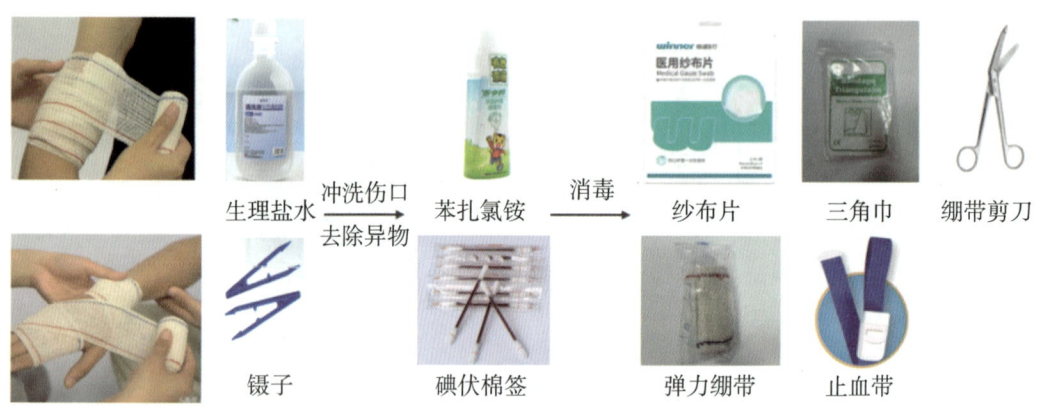

图 10-16　创伤包扎系列用品

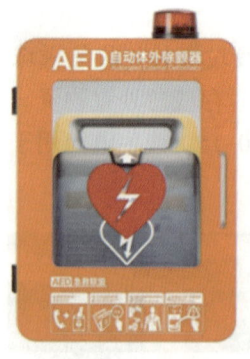
（a）自动体外除颤仪

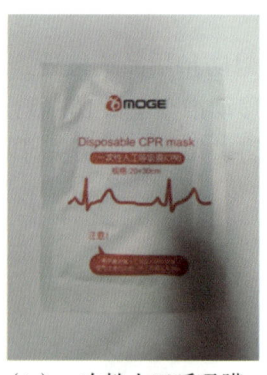
（b）一次性人工呼吸膜

（c）人工呼吸面罩

图 10-17　心肺复苏系列用品

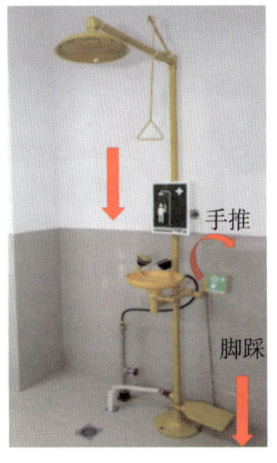
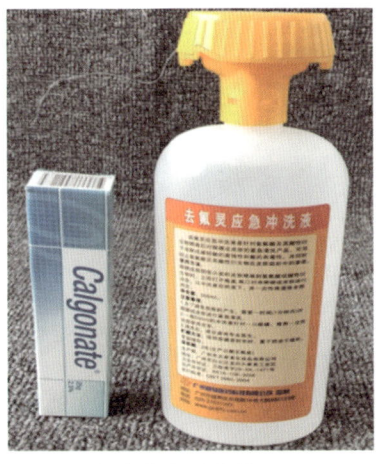

（a）喷淋　　　　　（b）氢氟酸套装　　　　（c）敌腐特灵

图 10-18　化学品灼伤系列用品

图 10-19　烧伤膏

10.2.5　其余物品

封锁现场物品见图 10-20。

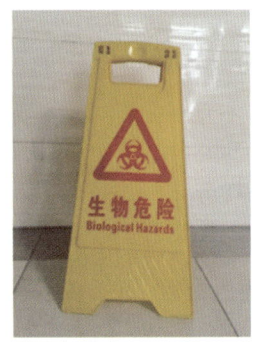

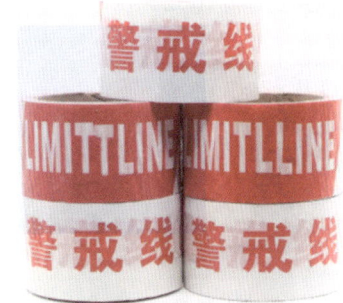

（a）生物警示牌　　　（b）危化品警示牌　　　（c）警戒线

图 10-20　封锁现场物品

切断泄漏源、堵漏物品见图 10-21。

- 将泄漏物放置于其中，避免泄漏区域扩大
- 特别适用于水溶性危化品
- 每片可吸附 1 L 左右
- 不与腐蚀性液体发生反应
- 不防静电
- 提起不泄漏
- 标注可吸水、吸油
- 吸水效果有限
- 每片可吸附 1 L 左右
- 提起不泄漏
- 每条可吸附 22 L 左右
- 可用于构筑围堰
- 提起不泄漏
- 注意确保交接处无缝隙

（a）防二次泄漏装置　　（b）防化吸附棉　　（c）通用型吸附棉　　（d）防化吸附棉条

图 10-21　切断泄漏源、堵漏物品

液体吸收或中和材料见图 10-22。

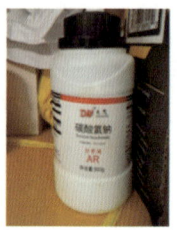
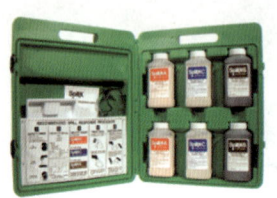

- 经济实惠
- 中和酸碱
- 中和酸、碱和吸附有机试剂
- 由外向内倾倒，用铲子将混合物充分混合
- 不可用于处理有机过氧化物
- 吸附效果优于碘、锌粉和硫磺
- 五分钟内吸附自身重量的汞
- 包含小铲子和废物收集容器

（a）中和剂　　　　（b）吸附剂工具包　　　　（c）汞吸收试剂盒

图 10-22　液体吸收或中和材料

清洁物品见图 10-23。

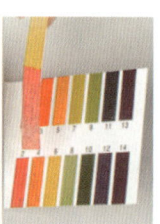

- 收集碎玻璃
- 收集沙子等粉状处置材料
- 收集大片碎玻璃
- 收集吸附棉片等
- 用于少量多次清洗污染面，直至 pH 显示为中性

（a）簸箕套装　（b）夹子/镊子　（c）洗瓶　（d）一次性拖把　（e）pH 试纸

图 10-23　清洁物品

生物相关消毒物品见图10-24。

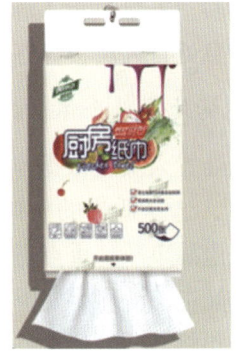

- 在洗瓶内按照需要,将84消毒液与水按照比例混合,对生物污染区进行杀菌、消毒
- 由外向内喷洒足量消毒液后用于擦拭

（a）84消毒液　　　　（b）洗瓶　　　　　　（c）纸巾、棉片、吸附棉、抹布

图10-24　消毒物品

危险废物收集物品见图10-25。

（a）垃圾桶　　　　（b）锐器盒　　　　（c）生物垃圾包装袋

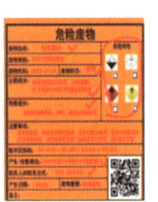

（d）危废垃圾袋　　（e）耐高温生物垃圾袋　　（f）危险废物标签　　（g）生物垃圾标签

图10-25　危险废物收集物品

10.3 危险化学品泄漏应急处置

10.3.1 处置流程

1. 撤离准备：现场人员自救

组织人员撤离并封锁现场,如果是易燃易爆试剂泄漏,应先切断周围电源及火源,开窗通风加速扩散,有效降低挥发气体浓度,降低发生火灾爆炸的风险。

2. 情况汇报：应急预案启动

向实验室安全负责人和安全管理人员汇报此次泄漏事故的情况，随后留在安全集合地接应应急处置人员，做好信息交接。启动危险化学品泄漏事故应急处置预案。

3. 现场处置：个体防护穿戴及泄漏控制与处理

应急处置人员应根据泄漏试剂的化学性质和反应特性，用气体检测仪检测现场危险气体浓度，选择适当的防护用品并正确穿戴，防止事故处理过程中发生灼伤、中毒事故。解决泄漏事故，重点是控制泄漏源和处理泄漏物，以下是具体做法。

（1）首先，清理泄漏源，用吸附棉片辅助拎起泄漏源，转移到安全的位置。一般情况下，需要将其放到盛漏托盘上防止二次泄漏，然后将其转移到通风橱内，拉下通风橱门，开启通风橱。

（2）使用防化吸附棉条对泄漏物进行围蔽，在泄漏物上倾倒泄漏中和吸附剂，注意由外向内均匀倾倒，然后用铲子等工具进行搅拌，使吸附剂充分吸收，直至泄漏物逐渐黏稠，用清扫工具一并清理进危废垃圾袋内。

（3）用吸附棉片对泄漏区域进行吸附和擦拭，直至泄漏区域洁净为止。

（4）将受污染的吸附棉片全部放进危废垃圾袋内，用封条扎紧危废垃圾袋，贴上废弃物信息标识，交由专业危废处置公司处理。

（5）洗消并脱去个体防护用品。

4. 结束汇报情况

泄漏处理工作完成后，向安全负责人汇报情况，申请解封并恢复实验室正常工作。

注意：仔细阅读危险化学品安全技术说明书，根据说明书上应急处置指引正确操作。

10.3.2 常见处置方法

1. 皮肤接触

立即脱去污染的衣物，用清水彻底冲洗皮肤至少 15 min，建议使用应急喷淋，不建议用很大水压的水管直接对着皮肤冲洗，否则被灼伤的皮肤可能会被较大压力的水流冲脱落。如果是皮肤小面积被沾染，现场备有敌腐特灵（图 10-18c），可直接用敌腐特灵进行冲洗，效果更好（冲洗后仍需就医）。如果皮肤接触氢氟酸，先用去氟灵（图 10-18b）冲洗伤口，然后用大量水淋洗至少 15 min。冲洗后佩戴氯丁橡胶手套将葡萄糖酸钙凝胶涂抹到沾染化学品的皮肤上，至疼痛减弱。随身携带葡萄糖酸钙凝胶，在前往急诊室的过程中继续往患处涂抹凝胶。

2. 眼睛接触

提起眼睑，用流动清水冲洗至少 15 min，建议使用洗眼器，冲洗时转动眼球以保证有效冲洗，冲洗后就医。如果眼睛接触到氢氟酸，先用去氟灵冲洗眼睛后再用流动清水冲洗至少 15 min。

3. 吸入

迅速脱离现场至空气新鲜处，保持呼吸道通畅，随后及时就医。如伤者呼吸困难，则立即吸氧；如呼吸停止，立即进行心肺复苏。

4. 食入

饮足量温水，催吐后就医。如食入氢氟酸，不要催吐，应立即给服6片葡萄糖酸钙或碳酸钙（事先化在水中），并就医。

10.4 温度计汞泄漏应急处置

温度计汞泄漏后应立即转移人员，不要盲目处置，不要到处乱走；打开门窗或实验室的紧急排风系统（如通风橱）；须佩戴装有可吸附汞蒸气滤毒盒的全面罩呼吸器，戴丁腈手套，穿防护服。

处理方法如下：

（1）找到所有汞珠，有需要时，关灯后用手电筒照，可以看到大部分汞珠。

（2）用硬纸片将汞珠聚集成较大的汞珠，然后用注射器或硬纸片收集大的汞珠，用胶带轻柔地收集较小的汞珠。将所有汞珠收集在汞泄漏应急包的密封袋或装水的密封容器中。所收集的汞及应急处置的物品应进行统一回收处理。防化靴、全面罩等需要重复使用的物品，置于通风处24 h后，方可收纳。

（3）处置完毕后，相关人员不得立即返回房间，房间开门窗通风24 h，经检测汞蒸气浓度低于职业健康限制浓度后，方可解封。

10.5 废液桶膨胀处置方法

倾倒废液后，若发现废液桶明显产气，应立即把废液桶放到通风橱内或户外无人处，打开盖子；即使没有产气反应，也不要立马盖紧盖子，轻轻旋好即可。

天气较热时，易挥发废液也可能导致废液桶膨胀；发现废液桶膨胀，在穿好防护后，在通风橱内尝试打开盖子释压。若无法打开盖子，可给废液桶进行物理降温，再尝试打开盖子；若还是打不开，应立即报告安全管理人员。

10.6 现场急救基本知识

10.6.1 现场急救步骤

1. 脱离险区

首先要使伤病员脱离险区，移至安全地带，如将烧烫伤伤员搬运至安全地带；对于急性中毒人员，应尽快使其离开中毒现场，转移至空气新鲜的上风向区；对于触电的人员，要立即为其解脱电源等。

2. 检查病情

现场救护人员要沉着冷静，切忌惊慌失措。应尽快对受伤或中毒的伤病员进行认真仔细的检查，确定病情。检查内容包括有无意识，有无呼吸心跳，气道是否通畅，受伤部位及状况，有无大出血。现场评估流程详见图10-26。

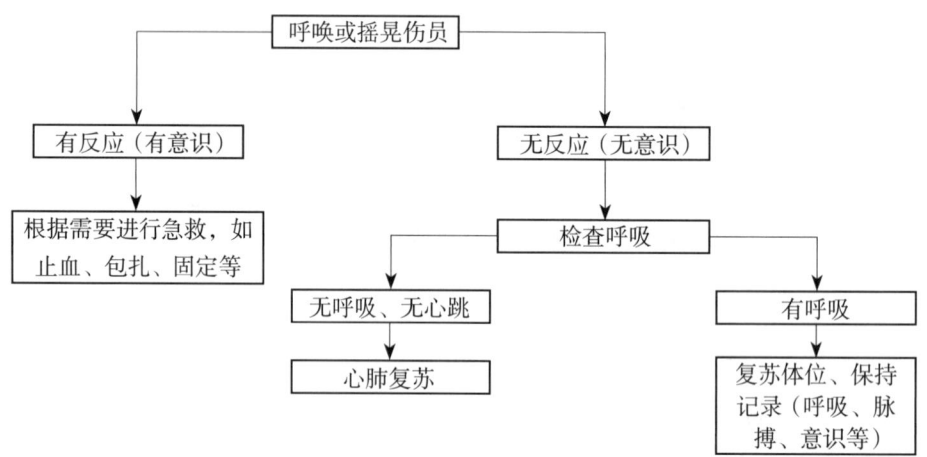

图10-26　现场评估流程

3. 对症救治

根据迅速检查出的伤病情，立即进行初步对症救治。在救治时，要注意纠正伤病员的体位，有时伤病员自己采用的所谓舒适体位，可能促使病情加重或恶化，甚至造成不幸死亡。如下肢被毒物沾染时，要使患肢放低，绝不能抬高，以减低毒物的扩延速度；上肢出血时要抬高患肢，防止增加出血量等。

救治伤病员较多时，一定要分清轻重缓急，优先救治伤重垂危者。

4. 安全转移

对于伤病员，要根据不同的伤情，采用适宜的担架和正确的搬运方法。在运送伤病员的途中，要密切注视伤病情变化，并且不能中止救治措施，将伤病员迅速而平安地运送到后方医院作后续抢救。

注意事项：

（1）注意现场安全，重视"先脱险自救再救人"。

（2）从正面接近伤病员，表明身份，安慰伤病员，说明将采取的救护措施。

（3）避免盲目移动伤者，防止二次伤害。

（4）除非必要，不要给伤病员任何饮食或药物。

（5）注意保护需要的事故现场。

（6）及时报告有关部门，寻求援助。

10.6.2 现场急救技术

1. 止血（针对实验人员因使用玻璃、利器等被割伤情况）

（1）指压止血法：指压止血的部位在伤口的上方，即近心端。找到跳动的血管，用手指紧紧压住。这是紧急的临时止血法，与此同时，应准备材料换用其他止血方法。采用此法，救护人员必须熟悉人体各部位血管出血的压血点。

（2）加压包扎止血法：加压包扎止血法，主要用于静脉、毛细血管或小动脉出血，出血速度和出血量不是很快、很大的情况下。止血时先用纱布、棉垫、绷带、布类等做成垫子放在伤口的无菌敷料上，再用绷布或三角巾适度加压包扎。松紧要适中，以免因过紧影响必要的血液循环，或过松达不到控制出血的目的。

（3）止血带止血法：常用的止血带有橡皮制和布制两种，在现场紧急情况下，可选用绷带、布带、裤带、毛巾作代替品。

注意事项如下：

①止血带连续止血的时间一般不宜超过 1 h。如果需要长时间止血，每隔 0.5～1 h 应松开止血带，放松 1～2 min，总共使用的时间最好不要超过 4 h，避免发生止血带休克或肢体坏死。

②扎止血带后，应作明显的标记，注明扎止血带的时间。

③止血带只能用于捆扎四肢，绝不要捆扎头部、颈部或躯干部。

④止血带不要直接扎在肢体上，先在止血带与皮肤之间加布，保护皮肤以防损伤。

⑤上止血带要松紧适度。

2. 包扎和固定（针对实验人员被割伤或摔倒坠落等情况）

包扎是开放性创伤处理中较简单却行之有效的保护措施。及时正确包扎，可以达到压迫止血、减少感染、保护伤口、减少疼痛，以及固定敷料和夹板等目的。

包扎要求动作轻快、准、牢，包扎前要弄清包扎的目的，以便选择适当的包扎方法，并先对伤口作初步的处理。包扎的松紧要适度，过紧影响血液循环，过松会移动脱落，包扎材料打结或其他方法固定的位置要避开伤口和坐卧受压的位置。为骨折制动的包扎应露出伤肢末端，以便观察肢体血液循环的情况。

骨折是人们在生产、生活中常见的损伤，为了避免骨折的断端对血管、神经、肌肉及皮肤等组织的损伤，减轻伤员的痛苦，以及便于搬动与转运伤员，凡发生骨折或怀疑有骨折的伤员，均必须在现场采取骨折临时固定措施。

3. 心肺复苏（针对实验人员心脏骤停情况）

心肺复苏（CPR）是一种紧急医疗措施，用于在心脏骤停或呼吸停止时维持大脑的血液和氧气供应，从而尽可能减少因缺氧造成的伤害，甚至挽救生命。一般实验室触电、中毒、高温中暑事故或过度劳累、剧烈运动等情况会使伤病人员心脏骤停，需要开展心肺复苏，目的是维持伤病员的器官存活和恢复其生命活动。心肺复苏主要包括两大核心技术，一是心脏按压，即心复苏；二是人工呼吸，即肺复苏。

当心跳呼吸骤停，必须争分夺秒，采用心肺复苏法进行现场急救。其基本步骤通常遵循"CAB"原则，即胸外按压（chest compressions，C）、开放气道（airway，A）、人工呼吸（breathing，B），见图10-27。

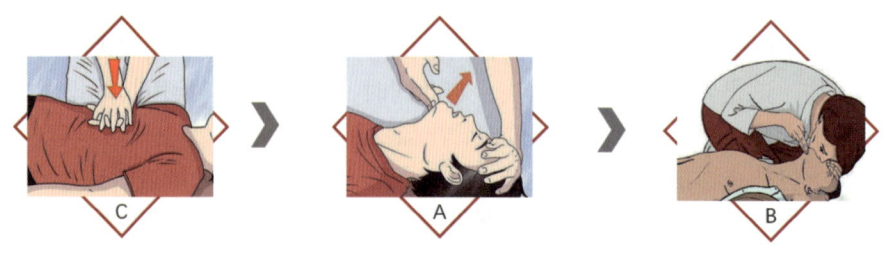

10-27　心肺复苏三部曲

不过，在最新的指南中，对于未受过训练的旁观者，推荐使用"仅胸外按压"的CPR，而对于受过训练的救援者，则建议按照"CAB"的顺序进行。以下是详细的步骤：

（1）评估环境与安全：首先，确保自己和伤病员都处于安全的环境中，避免任何可能造成伤害的因素。

（2）检查反应与呼吸：轻拍伤病员的肩膀并大声呼喊，观察其是否有反应。同时，观察伤病员胸部是否有起伏，判断其是否有呼吸。如果伤病员没有反应且没有正常呼吸（或仅有濒死样喘息），则立即开始CPR。

（3）启动紧急反应系统：如果身边有其他人，请其帮忙拨打急救电话（如"120"），并获取自动体外除颤器（AED）。如果独自一人，在进行一段时间（如2 min）的CPR后，再去拨打急救电话（开免提同步进行胸外按压）并获取AED。

（4）胸外按压：将伤病员仰卧于坚实的平面上；跪在伤病员一侧，确保膝盖与伤病员身体呈直角。将一手掌根置于伤病员两乳头连接线中点，另一手重叠其上，手指交叉并抬起，确保手掌根部紧贴伤病员胸骨。以每分钟100～120次的速度进行胸外按压30次（默数1、2……直至30），按压深度为5～6 cm（成人），按压应平稳而有规律，不能间断，不能冲击式猛压，避免用力过猛导致伤病员肋骨骨折。下压与放松时间应相等，放松时要完全，确保每次按压后伤病员胸廓完全回弹，但手掌根部不要离开伤病员胸壁，手臂用力并垂直向下，不要弯曲手臂，用上半身力量驱动手臂垂直下压，不要前后或左右摇摆。

（5）开放气道：通过"头后仰-抬颏"法或"压额提颏"法开放伤病员的气道。检查伤病员口腔内是否有异物，并小心清除。

（6）人工呼吸（如果受过训练）：在给予第一次人工呼吸前，确保已开放伤病员气道；用拇指和食指捏住伤病员的鼻子，防止漏气；深呼吸后，用嘴完全覆盖伤病员的嘴，缓慢吹气，每次吹气持续1 s以上，确保伤病员胸廓抬起。吹气完毕后，松开捏住伤病员鼻子的手指，让伤病员自然呼气。胸外按压与人工呼吸的比例通常为30∶2（即进行30次胸外按压后，给予2次人工呼吸）。

（7）使用AED（如果可用）：应按照AED的语音提示操作。AED会自动分析心律，并在必要时提示进行除颤。除颤后，继续进行CPR，直到患者恢复自主循环和呼吸，或专业急救人员到达并接管。

请注意，以上步骤仅供参考，实际操作时应根据具体情况和最新的急救指南进行。

4. 触电（针对实验人员意外触电情况）

人触电以后，会出现神经麻痹、呼吸中断、心脏停止跳动等征象，外表上呈现昏迷不醒的状态。触电急救的基本原则是动作迅速、方法正确，急救时应注意以下几点：

（1）紧急呼救，并尽快使触电者脱离电源。断开电源有困难时，不得直接接触触电人员，可用干燥的木棍、竹竿等挑开触电者身上的电线或带电体。

（2）如果触电者伤势不重、神志清醒，但有些心慌、四肢麻木、全身无力，或触电者曾一度昏迷，但已清醒过来，应让触电者安静休息，注意观察。

（3）如果触电者伤势较重，已经失去知觉，但心脏跳动和呼吸尚未中断，应让触电者安静平卧，解开其紧身衣服以利呼吸；保持空气流通，若天气寒冷，则注意保温。严密观察，速请医生治疗或送往医院。

（4）如果触电者呼吸、心跳停止，应立即实施人工呼吸和胸外心脏按压，并拨打急救电话或送往附近医院。

5. 烧烫伤（针对实验人员因使用高温或酸碱腐蚀性试剂等被烧烫伤情况）

（1）冲：高温烫伤后应立即脱离热源，用流动的水冲洗创面不少于 10 min，降低伤面温度。

（2）脱：不脱去高温衣服，相当于没有脱离热源，仍然会加重伤情，边冲边脱是正确的处理方法。

（3）泡：脱下衣服后要继续把伤口泡在冷水中，不要自己弄破水泡。

（4）盖：不要涂"红药水"等有颜色的药水药膏，避免影响医生对创面的判断，涂烫伤膏后用纱布盖住伤口防止被感染或碰到。

（5）送：及时送往医院就医。

6. 冻伤（针对实验人员因使用液氮、超低温冰箱等被冻伤情况）

（1）迅速使伤者脱离寒冷环境，防止继续受冻。搬运伤者时要小心、轻放，以免引起骨折。

（2）将伤者移到暖和的地方（室温 20~25℃），除去伤者潮湿衣服、鞋袜，采取全身保暖措施。立即用棉被、毛巾、毛毯让伤者全身保温，抬高伤者受损的肢体。

（3）全身冻伤者或重度（深部）冻伤者出现脉搏、呼吸变慢情况时，首先要保证其呼吸道畅通，然后进行人工呼吸和心脏复苏术，但仍应抓紧复温；当伤者身体恢复温度后，速送去医院治疗。

7. 中毒窒息（针对实验人员意外中毒情况）

（1）尽快将中毒者移到上风向空气新鲜的地方。搬运过程中，要沉着、冷静，不要强拖硬拉，避免搬运过程造成更大损害。

（2）中毒者被搬到空气新鲜处后，要检查其神志是否清晰，脉搏、心跳是否存在，呼吸是否停止，有无出血或骨折等外伤。如发现中毒者呼吸停止，就地进行人工呼吸；

如心跳停止，应立即在现场做心脏胸外按压术。解开其衣领和腰带，以保持其呼吸道的通畅。寒冷季节应注意保温，保持中毒者安静，严密观察中毒者的病情变化。

（3）脱去中毒者污染衣物，及时清洗其受污染的皮肤和眼睛，注意不要忽视会阴和腋窝等处。立即通知医院做好抢救准备，通知时应尽可能说清是什么毒物中毒、中毒人数、侵入途径和大致病情。

（4）中毒者心肺如未复苏，护送途中须继续进行心肺复苏。护送中对休克者应取头低位，昏迷或呕吐者平卧时头应偏向一侧，避免呕吐物吸入肺内。对危重者应密切观察意识、瞳孔、血压、呼吸与脉搏等变化，并作必要处理。

8. 溺水（针对实验人员户外采样意外溺水情况）

（1）发现溺水者后应尽快将其救出水面，但施救者如不懂得水中施救和不了解现场水情，不可轻易下水，可充分利用现场器材，如绳、竿、救生圈等救人。

（2）将溺水者平放在地面，迅速撬开其口腔，清除其口腔和鼻腔异物，如淤泥、杂草等，使其呼吸道保持通畅。

（3）当溺水者呼吸停止或极为微弱时，应立即实施人工呼吸、胸外心脏按压。